COUP D'OEIL

SUR

LA GÉOLOGIE DE LA BELGIQUE.

COUP D'OEIL

SUR

LA GÉOLOGIE DE LA BELGIQUE,

PAR

J. J. D'OMALIUS D'HALLOY;

AVEC UNE CARTE GÉOGNOSTIQUE EXTRAITE DE LA GRANDE CARTE
DE Mr A. H. DUMONT.

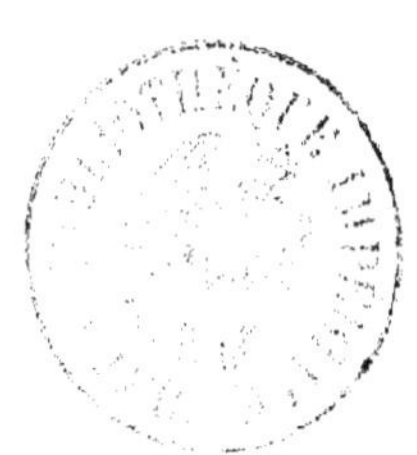

BRUXELLES,

M. HAYEZ, IMPRIMEUR DE L'ACADÉMIE ROYALE
RUE DE L'ORANGERIE, N° 16

1842.

OBSERVATION PRÉLIMINAIRE.

La description géologique des contrées formant actuellement le royaume de Belgique, que j'ai publiée en 1808 (*) et qui a été réimprimée en 1828 (**), ne se trouvant plus au niveau de la science, et les notices que j'ai écrites depuis lors étant disséminées avec d'autres matières, j'ai cru, vu l'accueil que l'on a bien voulu faire à ces publications, qu'il pourrait y avoir certaine utilité à reproduire quelques notions générales sur la géologie de la Belgique ; et je me suis livré à ce petit

(*) *Essai sur la géologie du nord de la France*, in-8°. Extrait du *Journal des mines* de 1808.

(**) *Mémoires pour servir à la description géologique des Pays-Bas*, etc. Namur, 1828.

travail avec d'autant plus de plaisir, que M. Dumont,
dont les étonnantes découvertes ont présenté la constitution géognostique de ce pays sous une face si nouvelle, m'a permis d'enrichir cette brochure d'un extrait
de la grande et magnifique carte à laquelle il travaille
depuis plusieurs années.

COUP D'OEIL

SUR LA

GÉOLOGIE DE LA BELGIQUE.

CHAPITRE Ier.

NOTIONS GÉOGRAPHIQUES.

1. Le royaume de Belgique est situé entre le 49e et le 52e degré de latitude boréale, et entre le méridien de Paris et le 4e degré de longitude orientale.

2. Toute la partie septentrionale appartient à la grande plaine du milieu de l'Europe; mais le sol se relève dans la partie S.E., qui peut être considérée comme l'extrémité occidentale des monts Hercyniens ou montagnes du milieu de l'Allemagne. Ce sol n'atteint ce-

1

pendant pas une grande élévation, et le point le plus haut n'a pas 700 mètres d'altitude. Le pays a deux pentes générales, l'une dans le sens de l'E. à l'O., l'autre dans celui du S. au N.

Constitution
hydrographique. 3. La Belgique renferme beaucoup d'*eaux*, quoiqu'elle ne soit traversée que par deux *fleuves* importants, la *Meuse* et l'*Escaut*, qui ont leurs sources dans le royaume de France et leurs embouchures dans celui des Pays-Bas. Mais les parties élevées sont arrosées par une multitude de petits cours d'eau, tandis que les parties basses présentent beaucoup d'eaux stagnantes et de nombreux canaux creusés pour la navigation ou pour l'écoulement des eaux. Quelques-unes de ces parties sont tellement basses, qu'elles ne sont conservées à la culture qu'au moyen de digues qui les préservent des inondations ; c'est ce que l'on appelle des *polders*.

Les principales *rivières* de la Belgique, qui se jettent immédiatement dans les deux fleuves que nous venons de citer, sont la *Lys*, la *Durme*, le *Rupel*, la *Dendre*, la *Zwalme*, la *Haine* pour l'Escaut ; le *Viroin*, la *Sambre*, la *Mehagne*, le *Geer*, la *Berwine*, l'*Ourte*, le *Hoyoux*, le *Boc*, la *Lesse*, la *Houille*, la *Semois* pour la Meuse. Parmi les nombreux affluents de ces rivières de second ordre, nous citerons la *Heule* et la *Mandel* pour la Lys ; la *Senne*, la *Dyle*, le *Demer*, les deux *Gettes*, les deux *Nèthes* pour le Rupel ; la *Trouille* pour la Haine ; l'*Heure*, le *Piéton* et l'*Ornoz* pour la Sambre ; la *Vesdre*, la *Hoegne* et l'*Amblève* pour l'Ourte.

Les cours d'eau qui se jettent dans la partie de la mer du Nord qui baigne la Belgique sont peu étendus, mais généralement canalisés. Les plus importants sont l'*Y-perlée* et son affluent l'*Yser*.

Quelques autres petits cours d'eau, sur la frontière orientale, se jettent dans le Rhin, par l'intermédiaire de la Moselle.

4. Les cours d'eau de la Belgique présentent, comme ceux de plusieurs autres contrées, des preuves de l'erreur où l'on tombait lorsque l'on voulait juger de la pente générale d'un pays par la direction des eaux. En effet, la Meuse, qui prend sa source au pied du plateau de Langres, à l'altitude de 456 mètres, traverse entre Mézières et Givet, après un cours de plus de 22 myriamètres, des plateaux qui ont plus de 500 mètres au-dessus de la mer. D'un autre côté, la Sambre, arrivée près de Charleroy, au lieu de continuer sa direction primitive et de suivre la pente générale du sol vers le Nord, fléchit vers l'Est et traverse, de Charleroy à Namur, des plateaux plus élevés que ceux qui semblent lui barrer le passage au nord de Charleroy.

5. Si nous recherchons quelles sont, dans la Belgique, les *contrées géographiques* que l'usage conserve indépendamment des divisions politiques, nous reconnaîtrons que l'on peut en distinguer de deux sortes : les unes, qui, se rattachant uniquement à quelques considérations naturelles, semblent remonter aux temps historiques les plus anciens; les autres, qui tirent principalement leur origine d'anciennes démarcations politiques.

6. L'une des plus caractérisées de ces divisions, et dont le nom était déjà en usage du temps de César, est

l'*Ardenne*, contrée qui s'étend des sources de l'Oise à celles de la Kyll, et qui, sous le rapport politique, est maintenant partagée entre les royaumes de Belgique, de France, de Prusse et le grand duché de Luxembourg (*). L'Ardenne, plus élevée que tous les pays qui l'entourent au N., à l'O. et au S., est un vaste plateau, dont l'altitude moyenne est de 5 à 600 mètres, et qui atteint 680 mètres à la baraque Michel, près de Malmédy, aux confins de la province de Liége et du royaume de Prusse (**). Son sol est souvent assez uni, mais dans les parties traversées par des cours d'eau un peu importants, il est déchiré par une multitude de vallées et de gorges extrêmement profondes, bordées par des escarpements qui ont quelquefois plus de 200 mètres de hauteur. On peut en quelque manière y considérer les vallées principales comme des tiges d'où partent une infinité de rameaux qui s'étendent sur les côtés, en sillonnant toute la surface voisine. L'Ardenne est

(*) L'Ardenne n'ayant jamais correspondu à des limites politiques ou administratives, on est d'autant moins d'accord sur sa délimitation, que ce nom annonçant un mauvais pays, les habitants des contrées voisines l'étendent ou le restreignent d'après leur point de départ, et que ceux de l'Ardenne le renvoient respectivement à la partie occupée par ceux qui parlent un idiome différent ; c'est ainsi que les habitants des contrées fertiles de la rive gauche de la Meuse comprennent souvent le Condros dans l'Ardenne, et que les habitants de la partie de l'Ardenne où l'on parle le patois liégeois ne reconnaissent pour Ardenne que la partie où l'on parle le patois lorrain. Je crois que le meilleur moyen d'avoir une marche fixe et conforme à l'usage le plus général, c'est de considérer l'Ardenne comme limitée par les dépôts calcaires qui donnent un caractère particulier et plus de fertilité aux contrées qui l'environnent.

(**) Observations des officiers de l'état-major général néerlandais, citées dans la *Description géologique de la province de Liége*, par A. H. Dumont, tome VIII des *Mémoires couronnés par l'Académie de Bruxelles*.

généralement aride ; on y trouve d'immenses forêts, mais la majeure partie du sol ne présente que des landes qui forment ou des plateaux marécageux et incultes, connus dans le pays sous le nom de *hautes fagnes* (*), ou de mauvaises pâtures qu'on ne cultive ordinairement que par l'essartage, c'est-à-dire à des intervalles plus ou moins longs, et après avoir brûlé le gazon. Il n'y a pas longtemps que l'on ne trouvait de terres régulièrement cultivées et de bonnes prairies que dans les vallées ; mais depuis quelques années la culture a fait des progrès dans les parties où des routes et le voisinage des lieux où l'on fabrique de la chaux ont facilité les moyens d'amender les terres.

7. Au nord-ouest de l'Ardenne se trouve le *Condros*, dénomination qui était aussi en usage dès le temps de César. On peut considérer cette contrée comme limitée par la Meuse et la plaine qui s'étend entre les parties inférieures de la Meuse et du Rhin, mais la portion septentrionale de cette étendue est plus connue sous le nom de *pays de Herve*, et celle du sud-est sous celui de *Famenne*. Le Condros est, par son élévation et ses productions, comme par sa position, un intermédiaire entre l'Ardenne et les contrées basses du nord-ouest ; il est formé de plateaux dont l'altitude ne paraît pas surpasser 350 mètres, et qui sont souvent divisés en collines longues et étroites, dirigées du sud-ouest au nord-est, et séparées par des vallées parallèles, peu profondes et à pentes très-douces. Mais ces collines et ces vallées

(*) Le mot *fagnes* ou *fange* paraît dérivé de celui de *veenen*, qui signifie terrain tourbeux dans les langues germaniques.

sont coupées par d'autres vallées plus enfoncées dont la direction est très-variable et les flancs plus ou moins escarpés. De nombreux cours d'eau qui circulent dans ces vallées et une végétation très-variée, contribuent à donner à la contrée un aspect fort pittoresque; mais c'est un pays peu fertile, quoique la culture y ait fait d'immenses progrès depuis le commencement de ce siècle.

Hainaut.   8. On désigne ordinairement sous la dénomination de *Hainaut*, non-seulement la province belge de ce nom, mais aussi la partie orientale du département français du Nord, et l'on peut considérer cette contrée comme se prolongeant jusqu'à la Meuse, de manière à comprendre le reste du pays *entre* la *Sambre* et la *Meuse*, pays que l'on considère quelquefois comme une petite contrée particulière, laquelle a beaucoup de rapport avec le Condros, dont elle est en quelque manière le prolongement. Dans sa partie méridionale, qui longe l'Ardenne, se trouve un petit territoire qui est le prolongement de la Famenne et que l'on appelle *Fagne*, parce que son sol, alternativement sec et marécageux, a beaucoup de rapport avec les hautes fagnes de l'Ardenne (6). La partie du Hainaut entre la Sambre et l'Escaut, qui est plus basse et plus unie, est au contraire un pays très-remarquable par la réunion de ses richesses agricoles, minérales et manufacturières.

Hesbaye.   9. La contrée qui s'étend au N.E. du Hainaut, sur la rive gauche de la Meuse, depuis l'Ornoz jusqu'au Demer, est assez généralement connue sous le nom de *Hesbaye;* c'est un pays ondulé plutôt que réellement plat, dont l'altitude est d'environ 200 mètres et qui est remarquable par sa fertilité pour la production des graines céréales et oléagineuses.

10. Au nord du Demer et de la Nèthe s'étend, entre l'Escaut et la Meuse, une contrée connue sous le nom de *Campine*, et qui, sous le rapport politique est partagée entre le royaume de Belgique et celui des Pays-Bas. Cette contrée est très-basse, extrêmement unie, et fort stérile, le sol y étant en général couvert de bruyères et de marais, à l'exception cependant des parties qui avoisinent les fleuves, qui sont au contraire très-fertiles. On a aussi mis en culture les bords des canaux et les alentours des lieux habités, qui forment des oasis au milieu des bruyères.

11. Au sud de la Campine, entre la Gette et la Dendre, se trouve le *Brabant*, contrée qui, dans sa partie N.O., présente quelques portions aussi basses et aussi horizontales, mais beaucoup plus fertiles que la Campine. Le reste, qui est plus élevé, a un sol assez inégal, sillonné par de nombreux vallons et aussi très-fertile. On distingue dans cette contrée le *Brabant wallon* dans le S. et la *Hageland* dans le N.E.

12. On désigne en général sous le nom de *Flandre* la contrée qui s'étend depuis la Dendre jusqu'à la mer du Nord, et qui comprend non-seulement les deux provinces belges de Flandre, mais aussi la partie occidentale du département français du Nord et la partie méridionale de la province néerlandaise de Zélande (*).

(*) On pourrait considérer la Flandre géographique comme divisée en quatre parties distinguées par les épithètes de *septentrionale*, *orientale*, *occidentale* et *méridionale*, lesquelles correspondraient respectivement aux quatre divisions politiques indiquées ci-dessus.

Son sol est généralement fort uni. Il présente cependant une chaîne de collines qui forment le prolongement de celles du Brabant et qui, après quelques interruptions, se terminent par le groupe isolé de Cassel. La portion S.E. de cette contrée est un des pays les plus fertiles de la terre, et une culture soignée a aussi rendu le reste très-productif. La partie septentrionale renferme beaucoup de polders.

Lorraine.

13. Il reste encore une petite portion du territoire belge qui n'a point été comprise dans cette énumération; elle est située au sud de l'Ardenne, et peut être considérée, sous le rapport géographique, comme l'extrémité septentrionale de la *Lorraine*. C'est un pays de collines qui atteint près de 500 mètres d'altitude, et qui produit beaucoup de céréales, mais où la culture est fort difficile (*).

(*) Ce petit pays étant séparé politiquement de la Lorraine depuis plusieurs siècles, on n'est plus dans l'habitude de le comprendre dans cette grande contrée, et on le désigne souvent, avec une partie du Luxembourg grand-ducal, qui a les mêmes caractères, sous le nom de *Luxembourg à froment*. J'en avais parlé, dans mon édition de 1808, sous le nom simple de *Luxembourg*; mais cette dénomination, déjà vicieuse alors, puisque l'usage attribuait encore ce nom à tout l'ancien duché qui comprenait, en outre, une grande partie de l'Ardenne ainsi que des portions de l'Eifel et du Condros, l'est devenue davantage depuis que l'on a rétabli deux divisions politiques sous le nom de Luxembourg : le grand-duché et la province belge ; sans compter que l'usage admet encore un Luxembourg prussien et un Luxembourg français, pour les parties de l'ancien duché réunies aux royaumes de Prusse et de France.

CHAPITRE II.

NOTIONS GÉOGNOSTIQUES.

14. Le sol de la Belgique présente les divers terrains que nous désignons par les épithètes de *modernes*, *tertiaires*, *crétacé*, *jurassique*, *triasique*, *pénéen*, *houiller*, *anthraxifère*, *ardoisier* et *porphyrique*; mais les terrains jurassique et triasique qui ne se trouvent que dans la petite contrée que nous avons considérée comme l'extrémité de la Lorraine, étant séparés des autres dépôts par une large bande ardoisière, on pourrait dire que ces deux groupes, ainsi que les terrains cristallophylliens, granitiques et pyroïdes, manquent dans la série des dépôts qui composent le sol de la Belgique proprement dite. Il résulte de ces interruptions et d'autres circonstances qui seront indiquées au chapitre suivant, que la distinction entre les terrains primordiaux et ceux que nous nommons maintenant secondiaux est extrêmement tranchée dans ce pays (*). En effet les premiers présentent des couches

Aperçu général.

(*) On trouvera dans mes *Éléments de Géologie* le sens que j'attribue aux dénominations indiquées ci-dessus. Je dirai seulement ici que la dénomination de

fortement disloquées, presque toujours plus ou moins inclinées ou plissées, et quelquefois si relevées qu'elles sont tout à fait verticales ou renversées, c'est-à-dire que, en suivant deux mêmes couches, on voit qu'elles se replient l'une sur l'autre, de manière que celle qui était au-dessus dans un point, devient inférieure dans un autre point; les roches y sont en général cohérentes, de couleurs foncées, traversées par de nombreux filons et renferment une grande quantité de parties cristallines. Dans les dépôts de la seconde catégorie, au contraire, les couches sont toujours à peu près horizontales, les roches souvent meubles ou peu cohérentes, de couleurs ordinairement claires et ne renferment presque jamais de filons ou de parties cristallines.

SECTION Ire.

TERRAINS ARDOISIER ET PORPHYRIQUE.

Disposition
générale.

15. Le *terrain ardoisier*, qui paraît servir de base à tous ces dépôts, le terrain porphyrique excepté, forme probablement un vaste bassin renfermant des dépôts

terrain secondaire étant assez généralement employée maintenant dans un sens différent de celui que je lui attribuais comme opposée à celle de *terrains primordiaux*, j'ai cru devoir la remplacer en ce sens par celle de *terrains secondiaux*. J'ai aussi adopté la dénomination de *terrain cristallophyllien*, qui est la traduction de celle de *schistes cristallins*, mots qui ne pouvaient s'associer avec mon système de nomenclature, et qui sont communément employés actuellement pour désigner le groupe que j'appelais assez improprement *terrain talqueux*, du nom d'une de ses subdivisions.

anthraxifère et houiller, mais au lieu d'avoir sa plus grande concavité au milieu du bassin, le terrain ardoisier s'y relève de manière à présenter quelques petites selles qui tracent une ligne anticlinale, aux deux côtés de laquelle les dépôts anthraxifère et houiller forment des bassins emboîtés l'un dans l'autre. Il résulte de cette disposition que le terrain ardoisier constitue dans la Belgique trois bandes, l'une au Sud entièrement comprise dans l'Ardenne, l'autre au Nord, qui a son principal siége dans le Brabant, et la troisième dans le milieu, c'est-à-dire qui passe dans l'Entre-Sambre-et-Meuse et le Condros. Quant au *terrain porphyrique*, il ne forme que des têtes de culots ou de dykes qui percent dans le terrain ardoisier.

16. La *bande méridionale* constitue un grand massif qui recouvre presque tout le sol de l'Ardenne. Elle est principalement composée de couches alternatives de roches schisteuses et quarzeuses, plus ou moins inclinées, très-souvent verticales et plissées, communément dirigées du Sud-Ouest au Nord-Est, et traversées par de nombreux filons ordinairement quarzeux.

Les *roches schisteuses* appartiennent en général à l'ardoise ; leur couleur la plus ordinaire est le gris bleuâtre, qui passe souvent au verdâtre, au rougeâtre, au gris de cendre, etc., mais, quelle que soit la couleur et même l'état d'altération de l'ardoise, on peut la distinguer du schiste argileux du terrain anthraxifère par sa cassure, qui est toujours schistoïde jusque dans les plus petits fragments ; par sa tendance à se diviser en grands feuillets ; parce qu'elle résiste beaucoup mieux aux influences météoriques , et parce que les résultats de sa décomposition donnent une terre légère , onctueuse , qui ne fait point pâte avec l'eau.

Les ardoises sont employées comme moellons dans toute l'Ardenne, mais elles sont peu propres à cet usage, tandis qu'elles fournissent d'excellents matériaux pour couvrir les toits , et sont exportées très-loin pour cet usage. Les carrières les plus renommées sont situées sur le territoire français, telles sont celles de Fumay et de Rimogne. On distingue sur le territoire belge celles d'Herbeumont , de Viel-Salm , de Martelange, etc.

Les ardoises qui se montrent au jour sur les plateaux ont en général éprouvé une certaine altération ; elles ont une couleur plus pâle que les autres et deviennent blanchâtres , elles sont tendres , friables, douces au toucher , d'un aspect stéatiteux , mais il est à remarquer que ce genre d'altération n'a pas lieu dans les ardoises que l'on expose maintenant aux influences météoriques ni même dans celles qui se montrent au jour dans les escarpements qui forment les flancs des vallées.

Ces roches deviennent quelquefois *oligistifères*, c'est-à-dire que dans certaines localités elles contiennent de nombreux grains d'oligiste rouge plus ou moins mélangé de manganèse , ces grains sont ordinairement très-petits et presqu'imperceptibles à l'œil nu ; d'autres fois les ardoises sont *aimantifères*, c'est-à-dire qu'elles renferment de petits cristaux octaèdres d'aimant. Il y en a qui sont *ottrélitiques*, c'est-à-dire qui contiennent de petites paillettes ou des grains d'une subtance laminaire noirâtre que l'on a cru pouvoir rapporter à la diallage, et dont on a fait aussi une espèce particulière sous le nom d'ottrélite, parce qu'elle a été trouvée, en premier lieu, à Ottré près de Viel-Salm.

Les ardoises de l'Ardenne ont une grande tendance à passer au stéaschiste, et l'on voit souvent des morceaux où l'ardoise ordinaire et le stéaschiste se trouvent intimement unis. D'autres fois ce sont des couches entières qui présentent ce changement. En général, ces parties prennent une couleur verdâtre, passant à l'olivâtre et même au blanchâtre, et sont quelquefois accompagnées de talc, de chlorite, de pyrophyllite et d'autres substances à l'état cristallin qui se trouvent principalement dans les géodes et dans les filons de quarz blanc, qui sont si fréquents dans le terrain qui nous occupe.

Parmi les autres roches auxquelles passe l'ardoise, une des plus remarquables, sous le rapport économique, est le schiste coticule ou *pierre à rasoir*, qui forme des veines jaunâtres au milieu de l'ardoise bleuâtre à Salm-Château près de Viel-Salm; nous devons aussi citer des ampélites ou *crayon des charpentiers* et d'autres roches schisteuses qui, plus tendres que les ardoises, servent à faire des crayons pour écrire sur ces dernières; quelquefois les ampélites du terrain ardoisier ressemblent tellement à celles du terrain houiller, qu'on y a déjà entrepris des recherches de houille, mais toujours infructueusement.

18. Les *roches quarzeuses* de l'Ardenne présentent plusieurs modifications : la plus abondante est le quarzite, dont la couleur la plus ordinaire est le gri-

Roches quarzeuses.

sâtre, passant souvent au bleuâtre et au noirâtre, quelquefois au jaunâtre et au rougeâtre. Sa texture est souvent schistoïde, d'autres fois la roche forme des couches massives très-puissantes. Les variétés noires ont parfois l'aspect extérieur des trapps, quoique leur infusibilité nous les fasse encore ranger dans le quarzite ou dans le phtanite. En général, c'est par les variétés de couleurs foncées que le quarzite passe aux roches schisteuses, tandis que les variétés grisâtres, jaunâtres ou rougeâtres, font plus communément le passage au psammite, au grès et au poudingue.

Les psammites ne sont pas très-communs dans l'Ardenne, si ce n'est sur les bords de cette région, où ils se lient avec les schistes argileux du terrain anthraxifère ; ils font cependant, sous le nom de *pierre à faux*, l'objet d'un commerce assez avantageux pour les environs de Viel-Salm et de Houffalize. Cette pierre est un psammite schistoïde verdâtre, très-micacé ; quand elle n'est pas trop feuilletée, on l'emploie à faire des meules à aiguiser.

Les grès sont encore moins communs en Ardenne que les psammites.

Quant aux poudingues, ils ont en général une certaine tendance à la structure schistoïde, qui leur donne un aspect particulier et rappelle un terrain où cette structure est presque générale ; en effet, ils tendent ordinairement à se rapprocher des quarzites schistoïdes ou des ardoises, et l'on voit fréquemment des noyaux quarzeux qui s'allongent et s'unissent intimement avec la pâte, laquelle devient fréquemment d'une nature analogue à celle de l'ardoise ou du stéaschiste, alors leur texture ressemble plus à celle des gneiss qu'à celle des poudingues ordinaires, aussi a-t-on déjà cité comme du granite une roche poudingiforme rougeâtre, exploitée aux environs de Viel-Salm. Les noyaux ou blocaux de ces poudingues sont ordinairement peu volumineux et souvent anguleux (*).

Les poudingues du terrain ardoisier renferment fréquemment une substance blanche ou rougeâtre qui paraît être du felspath altéré, de sorte qu'ils deviennent de véritables arkoses. Les psammites, les grès et même les quarzites passent aussi quelquefois à cette roche.

Le quarz blanc forme une grande quantité de veines et de filons dans les couches schisteuses et quarzeuses. Quelquefois, surtout dans les quarzites, ces veines sont si nombreuses qu'elles forment des mélanges analogues à ce que l'on remarque dans certains marbres. D'autres fois, surtout dans les couches schisteuses, le quarz forme des filons assez puissants que l'on exploite pour les fabriques de porcelaine ou de faïence et pour les verreries.

19. Quoique le *calcaire* soit en général si rare dans le terrain ardoisier de l'Ardenne, que son absence est un des caractères qui le fait distinguer des dépôts anthraxifères voisins, il ne lui est pas tout à fait étranger, et l'on a notamment trouvé à Moncy-Notre-Dame,

Roches calcareuses.

(*) Il ne faut pas confondre ces poudingues, qui appartiennent au terrain ardoisier, avec ceux de Malmédy et de Stavelot, dont il sera parlé à l'article du terrain pénéen, et qui se trouvent de même dans les limites géographiques de l'Ardenne.

à Alle et autres lieux entre Mézières et Bouillon, de petits amas de cette roche. Elle y est bleuâtre, d'une texture lamellaire, et quelquefois si feuilletée, que si on n'y faisait pas une attention particulière, on ne la distiguerait pas de l'ardoise, dans laquelle elle est intercalée en stratification concordante, et avec laquelle elle se lie si intimement, qu'un même banc est quelquefois composé de calcaire d'un côté et d'ardoise de l'autre.

Roches
porphyroïdes.

20. On a aussi observé à Meirup, près de Deville, au Nord de Mézières, une roche intercalée dans le terrain ardoisier ordinaire, mais qui s'en distingue par la présence d'une grande quantité de cristaux, de grains et de noyaux de felspath. Cette substance y est accompagnée de grains de quarz limpide ou gris de fumée, et le tout est enveloppé dans une pâte grenue qui avait d'abord été rapportée aux roches qui, dans cette contrée, forment le passage entre le quarzite et l'ardoise, mais qui pourrait aussi être une eurite appartenant au terrain porphyrique et rendue infusible par la présence de quelque matière étrangère. Cette roche paraît former deux ou trois masses intercalées dans le terrain ardoisier, mais les affleurements se montrent sur un trop petit espace pour que l'on puisse décider positivement si elles forment des bancs plutôt que des dykes ou des têtes de culots.

Dans le voisinage, notamment à Laifour sur la rive opposée de la Meuse, on voit d'autres roches nettement intercalées en stratification concordante, dans le terrain ardoisier, et qui semblent former un intermédiaire entre les ardoises et la roche porphyroïde. Elles renferment tous les éléments de cette dernière ; toutefois le felspath n'y forme pas de critaux, mais on le reconnaît aisément par sa texture laminaire et son clivage. Le quarz s'y distingue par son aspect vitreux. L'un et l'autre se confondent avec une pâte feuilletée qui paraît analogue aux stéaschistes que nous avons dit ci-dessus se lier intimement avec les ardoises (*).

21. La position respective des roches de l'Ardenne paraissant fort confuse, on n'a pas de notions très-positives sur les subdivisions géognostiques que l'on peut y reconnaître ; cependant M. Dumont (**) y a établi, dans ces derniers temps, trois systèmes ou *étages* distincts.

Division
en trois étages.

22. L'*inférieur* ne forme que de petites bandes ou selles étroites et de petites taches isolées, qui percent au milieu des massifs moyens en affectant la même direction. Il est composé d'ardoises oligistifères, ottrélitiques et aimantifères ; ce sont ces dernières qui paraissent occuper le milieu des selles ou, en d'autres termes, donner naissance à la ligne anticlinale. Les *ardoises* exploitées dans les carrières *de Viel-Salm* appartiennent à la variété ottrélitique, mais les paillettes d'ottrélite y sont si petites qu'elles ne s'aperçoivent presque pas à l'œil nu.

(*) Quoique ces deux roches n'aient encore été observées que sur le territoire français, j'ai cru devoir en donner ici la description, parce qu'elles sont très remarquables et parce qu'elles se trouvent si près de la frontière, qu'il est bien probable qu'elles se prolongent sur le territoire belge.

(**) *Bulletins de l'académie de Bruxelles*, 1836. Tom. III, p. 550.

23. L'*étage moyen* forme une espèce de bande dirigée dans le même sens que le massif ardoisier, et bornée
au nord et au sud par l'étage supérieur qui divise cette
bande en deux massifs particuliers. Cet étage est principalement caractérisé par la présence d'*ardoises* proprement dites sans oligiste et sans ottrélite, comme
celles des belles carrières *de Fumay*.

24. L'*étage supérieur*, qui forme assez généralement
la bordure du grand massif ardoisier, est caractérisé
par l'abondance des roches quarzeuses, notamment des
poudingues et surtout des *quarzites*, que l'on voit, entre
autres, dans les environs *de Spa*, et qui passent à des
schistes et à des psammites ressemblant et se liant tellement à ceux de la partie inférieure du terrain anthraxifère, qu'il est presqu'impossible d'établir la limite entre
ces deux dépôts ; c'est à cet étage qu'appartiennent exclusivement les amas calcareux.

Fossiles.

25. La connaissance des fossiles du terrain ardoisier
de l'Ardenne est encore fort peu avancée ; il n'y a pas
longtemps que l'on contestait même l'existence de ces
corps, mais à présent on en a observé une assez grande
quantité, qui toutefois ne sont pas encore bien déterminés. Les plus communes sont des spirifères extrêmement allongés dans le sens de leur largeur. On y a
aussi trouvé des calymènes, des asaphes, des orthocè-
res, des hamites? des leptènes, des crinoïdes et des
polypiers, dont l'un, voisin des astrées, avait été originairement pris pour une plante. Presque tous ces corps
appartiennent à l'étage supérieur, très-peu à l'étage
moyen et aucun à l'étage inférieur.

26. Le terrain ardoisier de l'Ardenne renferme beaucoup de gîtes métallifères, quoiqu'il n'y ait pas de mines très-importantes. Ces gîtes sont fort différents de ceux des massifs anthraxifères et ammonéens qui les avoisinent; au lieu des matières terreuses qui dominent dans ces derniers, ceux du terrain ardoisier sont principalement composés de matières à texture cristalline ou massive, et, au lieu d'être presque toujours accompagnés de limonite, cette substance ne s'y trouve que dans quelques localités particulières. D'après M. Cauchy (*), les gîtes métallifères de l'Ardenne ne forment que très-rarement des filons, mais ils sont en général disposés par amas couchés ou par série de nids, de noyaux et de cristaux disséminés dans des couches schisteuses, et suivant la même direction que celles-ci. Ils présentent plusieurs espèces de minerais.

Celui qui donne lieu à l'exploitation la plus importante, est le *minerai de plomb* de Longwilly près de Bastogne; la principale substance métallique y est la galène, souvent antimonifère : elle s'y trouve en cristaux ou en plaques qui s'étendent le long des parois de schiste. On trouve aussi, dans la partie qui avoisine la surface, des cristaux de céruse et des cristaux ou des

Minerais
métalliques.

(*) *Annales des mines*, 5ᵉ série, tome IV, p. 609. Il est à remarquer que depuis que ce mémoire a été publié, les nouvelles observations de M. Dumont ont fait connaître que quelques-uns des gîtes métallifères de l'Ardenne, décrits par M. Cauchy, se trouvent dans la partie de cette région dont le sol appartient au terrain anthraxifère inférieur. Telle est la mine d'antimoine de Gœsdorf, près de Wilz grand duché de Luxembourg, et les dépôts de minerais de fer de Champlon canton de La Roche.

concrétions de pyromorphite, et aux points où ces deux substances cessent de se montrer, on voit paraître de la marcassite et de la blende.

Le *minerai de cuivre* a été exploité à Stolzembourg près de Vianden grand duché de Luxembourg. Il s'y compose de chalkopyrite associée avec de la marcassite, du sidérose, du calcaire, du quarz et de la barytine. A Viel-Salm on voit des enduits et des cristaux de malachite, d'azurite et d'aphérèse.

Le *minerai de manganèse* existe à Bihain et dans quelques autres lieux des environs de Viel-Salm. Il paraît y être composé d'un mélange d'oxydes et d'hydrates de ce métal. Sa couleur est noirâtre, son aspect terne, et il s'unit d'une manière très-intime avec les roches schisteuses dans lesquelles il est intercalé.

On trouve aussi dans le terrain ardoisier de l'Ardenne plusieurs espèces de *minerai de fer*, mais il paraît que la seule exploitation importante est celle des forges de Linchant au nord de Mézières, où l'on extrait une limonite brune, ordinairement compacte. L'oligiste rouge colore souvent les roches schisteuses. L'oligiste spéculaire forme dans les filons quarzeux des environs de Viel-Salm de grands cristaux, ou des plaques laminaires d'un gris d'acier. L'aimant se trouve fréquemment en petits grains ou en petits cristaux octaèdres disséminés dans les ardoises; il en est de même de la marcassite, qui accompagne aussi presque toutes les autres substances métalliques, et dont les cristaux se trouvent quelquefois en tout ou en partie transformés en limonite.

27. La *bande septentrionale* des terrains ardoisier et porphyrique, qui se montre principalement dans la partie méridionale du Brabant, peut être considérée comme limitée au sud par une ligne passant près d'Ath, Nivelles, Gembloux, Hozémont, et au nord par une autre ligne passant près de Hal, Wavre, Jodoigne, et aboutissant aussi à Hozémont; mais elle est presque toujours recouverte par des dépôts tertiaires, et ne paraît au jour que dans le fond des vallées ou sur quelques points isolés qui sont comme les sommités d'un ancien monde enseveli sous des dépôts plus nouveaux. Parmi les lieux où ces sommités sont assez étendues pour former de petits massifs, nous citerons les environs de Tubize sur la Senne et ceux de Fumal sur la Méhagne.

28. Le *terrain ardoisier* de cette bande est, comme celui de l'Ardenne, principalement composé d'ardoises et de quarzites.

Les premières sont quelquefois très-bien caractérisées, mais elles se clivent ordinairement avec plus de difficultés en feuillets minces, aussi sont-elles rarement exploitées pour couvrir les toits. On rapporte cependant que la halle d'Enghien est couverte avec des ardoises extraites à Steenkerke, village des environs. Du reste les roches schisteuses de cette bande présentent plus souvent que celles de l'Ardenne un aspect gras, qui les rapproche du coticule; elles passent aussi très-fréquemment au stéaschiste, et, dans le voisinage des roches porphyriques dont nous allons parler, on en voit qui renferment beaucoup de felspath et ressemblent à la roche de Laifour mentionnée ci-dessus (20). Sur la bordure méridionale de la bande , les roches schisteuses passent aux schistes argileux et surtout aux psammites. Ces derniers sont souvent micacés et de couleurs grisâtre , brunâtre , bleuâtre , verdâtre. On emploie dans les environs d'Enghien , pour faire des pierres de taille et des carreaux, un beau psammite verdâtre très-micacé , qui passe quelquefois à l'arkose , c'est-à-dire qui renferme quelquefois du felspath souvent altéré.

Les quarzites du Brabant sont plus communément d'un gris blanchâtre ou d'un gris rougeâtre, et plus rarement noirâtres ou d'un gris foncé, que ceux de l'Ardenne ; d'autres fois ils sont bleuâtres ou verdâtres ; leur texture, ordinairement grenue, à cassure cireuse, devient quelquefois presque compacte et d'autres fois elle se rapproche de celle des grès ; leur stratification est ordinairement masquée par les nombreuses fissures dont ils sont traversés. On les emploie principalement pour faire des pavés , et on en extrait beaucoup entre Gembloux et Jodoigne, où ils s'élèvent fréquemment au niveau du sol, lequel est généralement recouvert de limon.

Toutes ces roches , surtout les quarzites et les psammites, sont, comme celles de l'Ardenne , souvent traversées par des filons et des veines de quarz blanc. La présence de ces veines donne même un moyen de distinguer les quarzites ardoisiers, passant au grès , des grès tertiaires passant au quarzite. Ces filons deviennent quelquefois métallifères, et on a exploité de la leberkise et de l'oligiste aux environs d'Enghien, où l'on a aussi trouvé des indices de cuivre.

Il paraît que l'on n'a pas encore observé de fossiles

dans les parties intérieures de ce dépôt, mais on a recueilli des trilobites et des spirifères dans les roches
schistoïdes qui se trouvent sur la limite méridionale de
la bande, c'est-à-dire vers le point de jonction avec le
terrain anthraxifère, notamment à Gembloux.

29. Le *terrain porphyrique* a été observé à Lessines, à Quenast, ainsi que sur quelques autres points entre Enghien et Nivelles, à Pitet sur la Mehagne, et à Hozémont à l'O. de Liége, localités qui forment une ligne dirigée de l'O. à l'E. au milieu de la bande ardoisière dont nous venons de parler, et qui sont probablement les têtes de culots ou de dykes qui percent à travers le terrain ardoisier.

Terrain
porphyrique

30. La roche porphyrique se présente à Quenast au sommet d'une petite colline entourée d'ardoise; il est très-difficile de la désigner par un nom spécifique applicable à son ensemble, car non-seulement sa composition et sa texture sont fort variables, mais la nature de tous ses éléments n'est pas encore bien déterminée. Il paraît que l'on peut la considérer comme appartenant principalement aux espèces eurite et porphyre (*),

(*) Cette roche a aussi été considérée comme un diorite, et j'avais adopté ce classement dans mon édition de 1828, mais M. Dumont croit qu'elle ne contient pas d'amphibole, et dans la supposition qu'elle en contiendrait, elle y serait en trop petite quantité pour que la masse pût être rangée dans le genre des roches amphiboliques. Je crois donc que les noms d'*eurite* et de *porphyre* qui lui ont déjà été appliqués en 1827 par M. Brongniart (*Dictionnaire des sciences naturelles*, XLVI, 73 et 109) doivent être préférés, du moins provisoirement; car cette roche a des caractères particuliers qui lui mériteront peut-être, lorsqu'elle sera mieux connue, de former une espèce particulière, d'autant plus qu'elle se représente dans d'autres contrées, notamment à Brest et à Châtelaudren en Bretagne. Si la substance olivâtre qui semble former avec le felspath l'élément le plus abondant est effectivement de la

car son élément principal semble être l'eurite ou le
felspath compacte ; de couleur verdâtre, quelquefois
bleuâtre, grisâtre, noirâtre ou rosâtre, renfermant des
parallélipipèdes de felspath ou d'albite cristallin de
couleur blanche ou d'un vert clair, ainsi qu'une matière ordinairement d'un jaune olivâtre, moins dure
que le felspath, qui se rassemble ordinairement en petits grains liés intimement avec la pâte d'eurite. Cette
matière a été prise pour de la stéatite, mais d'après
les observations de M. Drapiez (*), elle pourrait bien
être de l'épidote altérée. Lorsque l'on examine la roche
dans une cassure fraîche, elle paraît grenue et lamellaire
plutôt que réellement porphyroïde, mais lorsqu'elle est
polie, la texture porphyroïde se montre ordinairement
d'une manière très-nette, et l'on voit les parallélipipèdes
de felspath blanc et les grains olivâtres se détacher du
fond verdâtre. Quelquefois, surtout lorsque la pâte est
noirâtre, les taches claires sont beaucoup plus rares
ou même disparaissent, de sorte que la roche ressemble
à un trapp. Ces parties noires forment des espèces de
noyaux plus ou moins volumineux, qui se fondent avec
le reste de la roche. Parmi les autres éléments que l'on
peut considérer comme accidentels, le plus commun

stéatite, comme je l'ai supposé en 1808, cette roche pourrait prendre le nom
d'*urkèsine*, qui avait été proposé par Jurine ; si au contraire la substance olivâtre
est de l'épidote, comme M. Drapiez paraît l'avoir indiqué dans son *Coup d'œil
minéralogique sur le Hainaut*, tome III des *Mémoires couronnés par l'académie de Bruxelles*, on pourrait donner à cette roche le nom d'*épiphyre*, qui rap-
pellerait la présence de l'épidote comme élément essentiel et sa tendance à prendre
la texture porphyroïde.

(*) Mémoire déjà cité dans la note précédente.

est le quarz, qui forme des grains d'un aspect gras et
d'une teinte enfumée. On a cru longtemps que la horn-
blende était un des éléments essentiels, mais on y con-
teste maintenant son existence ; cependant il est probable
que cette substance est le principe colorant des parties
vertes ou noirâtres. On y cite aussi de la nigrine, de
la sperkise, de l'axinite, du calcaire qui, avec le quarz
enfumé et l'épidote, se présentent parfois en beaux
cristaux dans des géodes.

Cette roche est traversée par un grand nombre de
joints qui, quelquefois, surtout dans les carrières situées sur les bords du massif, donnent l'idée de véritables couches, mais dans les carrières intérieures ces
joints présentent tant d'irrégularités et se croisent si
généralement, que l'on doit les considérer comme de
simples fissures. Le sommet du massif a une surface
inégale, formée par des têtes de rochers arrondis. sur
lesquels reposent des blocs aussi arrondis ou grosses
boules de la roche porphyroïde. enfouis dans des dépôts meubles dont la partie inférieure paraît avoir du
rapport avec du porphyre décomposé. mais qui devient
bientôt analogue aux dépôts tertiaires qui s'étendent
sur la contrée. Les parois des fissures sont généralement de couleur de rouille, mais cette altération n'est
que superficielle, tandis que celle qui se voit autour
des surfaces arrondies extérieures est souvent très-pro-
fonde et s'étend quelquefois dans toute l'épaisseur d'un
bloc où le felspath est passé à l'état friable. Du reste
l'origine de cette altération tient à un ordre de choses
qui n'existe plus, car cette roche est maintenant une

des plus inaltérables et en même temps des plus solides
et des plus tenaces que l'on puisse employer; aussi
est-elle très-recherchée pour faire des pavés qui sont
presqu'indestructibles, et que l'on transporte jusqu'en
Hollande.

31. Le gîte de Lessines se trouve dans un lieu plus
bas et plus uni que celui de Quenast; la roche porphyrique y vient affleurer au milieu du limon et des
autres dépôts tertiaires. Cette roche est semblable à
celle de Quenast, peut-être, cependant, est-elle plus
uniformément porphyroïde. On y a également établi
une immense exploitation de pavés.

32. Les autres gîtes sont moins importants et n'ont
pas, jusqu'à présent, donné lieu à de grandes exploitations. M. Dumont, qui a découvert ceux de Pitet et
de Hozémont, dit que dans ce dernier la roche porphyrique ne contient pas de quarz, et n'est composée
que de felspath et de matière serpentineuse.

33. On exploite aussi, pour faire des pavés, à Grand-
Manil près de Gembloux, une roche grenue d'un blanc
jaunâtre, passant au blanc verdâtre, qui forme des
masses à peu près verticales, accompagnées d'une matière de nature analogue, mais friable, de phtanite et
de quarzite. Cette roche ayant beaucoup de ressemblance avec le quarzite, avait été considérée comme
appartenant à cette espèce, mais MM. Johnston (*) et
Lambotte (**) étant parvenus à la fondre, et y ayant
reconnu la présence de l'alumine, on la rapporte main-

(*) *Bull. de la société géologique de France*, VI, 332.
(**) *Bull. de l'académie de Bruxelles*, III. 312.

tenant au terrain porphyrique. S'il en est réellement ainsi, la ligne formée par les points où ce terrain paraît au jour, serait brisée en allant de Lessines à Gembloux et de Gembloux à Hozémont.

34. La bande médiane de terrain ardoisier ne se compose, ainsi que nous l'avons déjà indiqué, que de quelques petites selles qui percent à travers le terrain anthraxifère, et qui ont entre autres été observées près de Fosse dans l'entre-Sambre-et-Meuse, près de Wierde au sud de Namur, et près de Huy. Le terrain ardoisier y est fort peu développé, on y a cependant entrepris des recherches d'ardoises, mais qui, jusqu'à présent, n'ont pas donné de résultats satisfaisants, les roches schisteuses que l'on y a extraites ne se clivant pas en lames assez fines, et ne résistant pas suffisamment aux influences météoriques. M. Dumont a découvert dernièrement à Beuzet près de Fosse, un gîte de terrain porphyrique qui perce au milieu d'une de ces selles.

Bande d'entre Sambre et Meuse.

SECTION IIe.

TERRAIN ANTHRAXIFÈRE.

35. Les *dépôts anthraxifères* de la Belgique appartiennent à deux massifs, l'un à l'O., l'autre à l'E. du terrain ardoisier de l'Ardenne.

Notions générales.

36. Le premier de ces *massifs* s'étend de l'*Escaut à la Roer*, et forme, ainsi que nous l'avons déjà indiqué,

Massif d'entre l'Escaut et la Roer.

un grand bassin entre les bandes ardoisières de l'Ardenne et du Brabant, mais le terrain anthraxifère ne se
montre pas au jour dans toute cette étendue, attendu
qu'il y embrasse des bassins de terrain houiller, de la
même manière qu'il est embrassé par le terrain ardoisier, et qu'ils sont l'un et l'autre quelquefois recouverts
par des dépôts crétacés et tertiaires sous lesquels ils se
perdent à l'O. et à l'E.

Les principales roches qui composent ce massif sont
le calcaire, le schiste argileux, le psammite, le poudingue, la dolomie et le phtanite. On y trouve aussi
de l'oligiste rouge ainsi que quelques autres matières
moins abondantes, et il renferme des filons et des amas
de sable, d'argile, de limonite et d'autres substances
métalliques.

Roches
calcareuses.

37. Le calcaire est en couches quelquefois assez puissantes, d'autres fois très-minces, et présente un très-
grand nombre de cavernes et autres cavités. Il est en
général d'une couleur bleuâtre, qui passe au gris clair ou
au noir, selon que le principe colorant est plus ou moins
abondant. On a cru pendant longtemps que ce principe
était du bitume; mais M. Bouësnel a reconnu, par l'a-
nalyse chimique (*), que ce n'est que du charbon dans
un état analogue à celui de l'anthracite. Quelquefois
la couleur gris bleuâtre est remplacée par du gris de
fumée et du blanchâtre, et plus rarement par du rougeâtre. Cette roche dégage souvent, lorsqu'on la brise,
une odeur fétide que M. Bouësnel attribue à la pré-

(*) *Journal des mines*, XXIX, 200.

sence de l'acide sulfhydrique. Ce calcaire est ordinairement très-cohérent ; sa texture est souvent compacte, quelquefois grenue ou lamellaire ; dans le premier cas, la cassure est conchoïde, dans les deux autres, elle est droite ; d'autres fois la texture est bréchiforme. Il renferme beaucoup de parties cristallines : les unes forment des veines ou de petits filons plus ou moins prolongés, les autres, des espèces de noyaux ou de rognons dans l'intérieur desquels il y a souvent des géodes tapissées de cristaux. On remarque que c'est dans les couches impures et friables que les cristaux et les noyaux cristallins sont les plus abondants. Ces parties cristallines sont ordinairement blanches, mais il y en a quelquefois de limpides, d'où on peut obtenir, par la division mécanique, des rhomboèdres qui rappellent ceux d'Islande.

Ce calcaire est propre à un grand nombre d'usages économiques ; on en fait d'abord d'excellentes pierres de taille qui réunissent la beauté à la solidité, du moins celles qui ont la texture lamellaire et qui proviennent de couches à peu près horizontales ; car celles à texture compacte ou provenant de couches fortement redressées sont sujettes à se fendre lorsqu'elles sont exposées aux influences météoriques. Il fournit également une grande quantité, de marbres qui, s'ils n'ont pas la vivacité de couleurs de plusieurs marbres des Alpes et des Pyrénées, sont au moins remarquables par leur solidité ; les uns sont tout à fait noirs, d'autres présentent un fond noirâtre pointillé de taches blanches dues à des fragments de crinoïdes ; c'est ce que l'on appelle *petit granite* dans le commerce ; d'autres sont composés du mélange de pâtes rougeâtres et grisâtres avec des parties cristallines blanches ; d'autres sont des brèches à fragments plus ou moins volumineux. On fait aussi avec ce calcaire d'excellentes chaux ; les unes provenant des couches les plus pures, et particulièrement de celles dont la texture est un peu grenue, sont principalement recherchées pour les constructions ordinaires ; les autres, faites avec des couches plus mélangées d'argile, sont très-propres pour les travaux hydrauliques. Il est à remarquer que les chaufourniers rejettent les parties cristallines, parce que, disent-ils, elles donnent de la mauvaise chaux, ce qui prouve que le carbonate calcique pur n'est pas celui qui fournit la meilleure chaux. Il n'est peut-être pas inutile d'ajouter aussi que les chaufourniers croient que l'on ne peut calciner la pierre de ce pays qu'avec de la houille, et que l'on emploie toujours ce combustible, même dans les cantons les plus éloignés des houillères.

Quoique les couches calcaires se conservent en général plus pures que celles de schistes argileux et de psammites, elles se lient cependant à ces dernières par des séries de passages qui présentent notamment du calschiste et du macigno qu'il est quelquefois difficile à l'œil de distinguer des schistes argileux ou des psammites, d'autres fois l'abondance du charbon et la texture feuilletée du calcaire le fait ressembler à du lignite ou à des schistes argileux noirs du terrain houiller, ce qui a souvent induit eu erreur dans des recherches de houille, d'autant plus que ces couches noires sont sou-

vent recouvertes d'un enduit mince d'anthracite, et
que d'autres fois elles sont susceptibles de brûler lorsqu'on les met sur le feu.

Le carbonate magnésique se mêle aussi avec le carbonate calcique, et alors le calcaire ordinaire passe à
une dolomie remarquable par la diversité de sa cohérence, qui varie depuis l'état arénacé jusqu'à celui
d'une pierrre très-tenace. Cette dolomie est ordinairement de couleur gris de cendre, passant quelquefois
au blanchâtre; elle renferme très-souvent des parties
cristallines, et paraît se lier fréquemment avec les
marbres dits *petits granites*, qui, peut-être, sont
quelquefois de la dolomie. D'autres fois elle présente
une structure celluleuse, formée par de petites cavités
irrégulières. Les parties tenaces donnent de bons pavés,
et les parties meubles et friables sont employées pour
l'amendement des terres; d'où lui vient le nom de
môle qu'on lui donne dans les environs de Namur, et
qui paraît être une corruption de celui de marne.
Lorsque les dépôts de dolomie se trouvent à découvert,
ils se font remarquer par leur couleur noirâtre, par la
bizarrerie des formes que présentent les parties tenaces, et par les coulées de matières arénacées qui se
détachent des parties friables (*).

38. Les schistes argileux sont principalement caractérisés par leur tendance à se diviser en petits feuillets
qui, au lieu de présenter, comme ceux de l'ardoise,

Roches
schisteuses.

____

(*) Ces dolomies ont été considérées pendant longtemps pour du calcaire
quarzifère. C'est M. le professeur Delvaux qui a le premier fait connaitre leur véritable nature.

une texture schistoïde jusque dans leurs derniers éléments, forment souvent de petits solides qui, abstraction faite de leur peu d'épaisseur, peuvent être considérés comme terminés par des lignes droites, et qui ont quelquefois la forme rhomboédrique, de sorte que l'on pourrait dire que ces roches n'ont la texture schistoïde que dans leur masse, mais que considérées en petit, elles ont la texture compacte et la cassure droite.

Leur couleur ordinaire est le grisâtre et le jaunâtre; il y en a aussi de rougeâtres et plus rarement de verdâtres, de noirâtres et de bleuâtres. Elles sont quelquefois mélangées de petites parties de mica qui leur donnent un aspect luisant ou pailleté : elles sont en général si altérables par les influences météoriques qu'elles ne sont propres à aucun usage économique; il y a même de ces roches qui, sans avoir été exposées à l'air, se trouvent molles et friables et doivent être considérées comme étant de l'argile.

Ces schistes ont d'ailleurs une telle tendance à passer au psammite, que souvent la masse principale du terrain participe autant de la nature de l'une que de l'autre de ces roches, et qu'il est difficile de dire si elle doit être désignée par l'un ou par l'autre de ces noms (*). Ces schistes passent aussi, mais beaucoup plus rarement, au phtanite et à l'oligiste.

(*) Cette liaison est telle que, dans plusieurs cantons, les ouvriers n'ont point de termes pour distinguer ces deux roches, et ils appellent également *agaize*, *agazhe*, *agôche*, les schistes argileux et les psammites; les mineurs de houille cependant établissent la différence, et réservent ces noms aux schistes argileux.

Ce dernier est ordinairement d'une couleur brun rougeâtre, qui devient d'un rouge brunâtre par son exposition à l'air, circonstance qui paraît faciliter sa réduction dans les fourneaux ; sa texture est communément schisto-oolitique. Il a une grande tendance à se lier par une série de nuances insensibles avec les schistes et les psammites, dans lesquels il se trouve subordonné. Ce minerai donne un fer tendre et cassant, de sorte qu'il est peu exploité.

39. Les psammites forment des couches souvent feuilletées, quelquefois massives ; ils ont souvent de la tendance à se diviser en fragments rhomboédriques ; leur cohésion varie depuis celle du quarz le plus tenace jusqu'à l'état arénacé ; leurs couleurs les plus communes sont le grisâtre et le jaunâtre, mais il y en a aussi de rougeâtres, de bleuâtres, de verdâtres, de blanchâtres ; ils sont presque toujours parsemés de paillettes de mica. On en fait des pavés qui sont en général plus solides que ceux de grès, et qui n'ont d'autre défaut que de devenir un peu glissants par le poli que l'usage leur fait prendre ; on les emploie aussi comme pierres de taille, moellons, carreaux, meules à aiguiser, etc.

Indépendamment de leur liaison intime avec les schistes, ces psammites passent aussi au grès, au sable, au poudingue, au phtanite et au quarz grenu, ou plutôt ils ne sont qu'une nuance de la série de passages qui s'établit depuis le schiste jusqu'au quarz pur.

Les poudingues sont ordinairement formés d'une pâte de psammite rougeâtre, qui renferme des fragments, plus souvent anguleux qu'arrondis, de diverses roches ordinairement quarzeuses, notamment du quarz compacte blanc, du quarzite rougeâtre ou grisâtre et du phtanite noirâtre ; d'autres fois les fragments sont agglutinés l'un à l'autre sans que l'on aperçoive le ciment qui les unit. Ces poudingues forment souvent des pierres très-solides, que l'on emploie à faire des ouvrages de hauts-fourneaux, des meules de moulins, des pavés, etc. Quelquefois ils passent à des amas de cailloux roulés, enfouis dans un sable argileux ou dans une argile sableuse. En général ces poudingues ont beaucoup de tendance à passer au psammite et quelquefois à l'argile rouge.

Le phtanite est assez abondant dans le massif anthraxifère qui nous occupe. Il s'y trouve soit en rognons, soit en petits bancs dans le calcaire, soit en fragments anguleux dans les poudingues. Il forme aussi des systèmes de couches et de fragments enfouis dans des dépôts meubles, mais les premières paraissent appartenir plutôt au terrain houiller, et les seconds aux dépôts métallifères dont nous allons parler. Le phtanite intercalé dans le calcaire est ordinairement noir et assez pur ; il passe, mais très-rarement, au silex corné ; les autres sont plus variables, ainsi qu'on le verra ci-après.

Toutes ces roches quarzeuses sont souvent, et les roches schisteuses sont quelquefois, traversées par des veines de quarz blanc qui éprouvent parfois des renflements et laissent des vides ou des géodes, dont les parois sont tapissées de cristaux de quarz, soit blancs, soit limpides.

40. Les roches dont nous venons de faire connaître les principaux caractères minéralogiques, forment des couches dont l'inclinaison est très-variable sous le rapport des angles qu'elles forment avec l'horizon; mais ces couches ont une direction assez constante, qui paraît éprouver une flexion générale vers le milieu du bassin, c'est-à-dire, sur une ligne que l'on peut considérer comme passant par Namur et Rochefort; de manière qu'à l'occident de cette ligne la direction est de l'O. à l'E., et qu'à l'orient elle est de S.O. au N.E.

Stratification.

41. Il résulte de cette disposition que ces diverses roches se présentent au premier coup d'œil comme formant des bandes dirigées dans le sens de la direction générale des couches; et, comme ces bandes montrent souvent la répétition des mêmes roches, on a cru longtemps que la contrée se composait d'un très-grand nombre de systèmes placés sur leurs tranches les uns à côté des autres; mais M. Dumont (*) a reconnu que l'ensemble du terrain pouvait être considéré comme composé de quatre systèmes ou étages alternativement quarzo-schisteux et calcareux, qui forment des espèces de bassins plus ou moins emboîtés les uns dans les autres et dont les bords sont quelquefois renversés.

Division en quatre étages.

42. Le premier étage est composé de roches quarzeuses et schisteuses très-variées; la couleur rouge, quelquefois bigarrée de verdâtre y est très-fréquente; les schistes tendent à s'y rapprocher de l'ardoise, les psammites y passent au quarzite et surtout au *poudin-*

Poudingue de Burnot.

(*) *Mémoire sur la constitution géologique de la province de Liége.* Tome VIII des *Mémoires couronnés par l'Académie de Bruxelles.*

que, que l'on voit entre autres très-bien caractérisé à *Burnot* entre Namur et Dinant.

Calcaire de Givet. 43. Le second étage, dans l'ordre ascendant, est principalement composé de *calcaire* renfermant ordinairement des bancs de dolomie dans sa partie moyenne. C'est à cet étage, qui d'ailleurs se rencontre assez généralement sur toute la bordure des dépôts inférieurs, qu'appartiennent les beaux escarpements *de Givet*, plusieurs marbres gris exploités dans l'entre-Sambre-et-Meuse, le marbre noir de Golzinne au nord de Namur, la pierre à chaux hydraulique de Sombreffe, etc.

Psammites du Condros. 44. L'étage suivant est principalement composé de *psammites* qui recouvrent la majeure partie des plateaux du centre *du Condros*. Cette roche forme en général la partie supérieure de l'étage, tandis que la partie inférieure est principalement composée de schistes, dans lesquels il y a fréquemment des amas ou petits bancs subordonnés de calcaire qui est souvent du marbre rouge.

Calcaire de Visé. 45. Le dernier étage est, comme le second, composé de *calcaire* renfermant de la dolomie dans sa partie moyenne. Il se montre, entre autres, dans les carrières *de Visé*, célèbres par leurs fossiles et par leurs rognons d'anthracite (*), c'est aussi dans cet étage que l'on exploite la plupart des marbres dits petits granites, qui se trouvent principalement sur la bordure septentrionale du grand bassin, notamment aux Écaussines et à Ligny ; les marbres noirs de Dinant et de Namur ap-

(*) Voir le *Journal des mines*, XXI, 605.

partiennent également à cet étage , qui , dans sa partie
supérieure , se lie intimement avec le terrain houiller.
On voit même aux environs de Namur deux petites couches d'anthracite ou de houille très-maigre intercalée
dans le calcaire. Dans d'autres lieux les couches les plus
supérieures sont souvent blanchâtres ou d'un gris de
fumée clair plus ou moins nuancé par des teintes plus
foncées , et rappelant le *marbre Napoléon* de Boulogne.

46. Nous avons déjà indiqué qu'il est bien probable
que le terrain anthraxifère forme, avec le terrain houiller, un vaste bassin qui remplit une dépression du terrain ardoisier : mais les divers étages qui composent
ce grand bassin sont loin de s'emboîter de manière à
ne former qu'un bassin unique.

Le seul étage du poudingue de Burnot paraît être
dans ce cas , car il se montre à peu près sur toute la
bordure du grand bassin ; mais cet étage , formant un
sol très-inégal , se relève dans l'intérieur du grand bassin où il forme une bande médiane dans laquelle s'élèvent les petites selles ardoisières dont il a été parlé
ci-dessus , et qui divise le grand bassin en deux autres
bassins inégaux qui sont eux-mêmes subdivisés en un
grand nombre de bassins plus ou moins étendus et
plus ou moins complets ; car , de même que le relèvement des schistes , des psammites et des poudingues
de l'étage inférieur réduit les bassins partiels aux trois
autres étages et au terrain houiller , le relèvement du
calcaire de Givet réduit les bassins supérieurs aux
psammites du Condros , au calcaire de Visé et au terrain houiller , et ainsi de suite. Du reste , on doit éviter

de prendre ce mot bassin dans un sens trop rigoureux, et de croire que chacun de ces petits massifs présente toujours la véritable forme de bassins; il y a au contraire de ces massifs qui ne sont, en quelque manière, qu'une section de bassin, c'est-à-dire qui ne se composent que d'un système de couches inclinées dans un seul sens, et qui se terminent vers leurs pieds en s'appuyant sur la couche qui leur sert de support commun, laquelle reparaît seule au jour.

Bassin du Condros.

47. Les recherches publiées par M. Dumont, ne s'étendant pas encore à tout le grand bassin, nous ne sommes pas à même de faire connaître d'une manière exacte le nombre et la position des bassins partiels, mais nous donnerons quelques détails sur la structure de la partie orientale du bassin méridional, qui s'étend sur une grande partie du Condros. Ce bassin est limité au N.E., c'est-à-dire entre Liége et Spa, par la réunion de la bande méridionale et de la bande médiane de l'étage du poudingue de Burnot, et se prolonge dans l'entre-Sambre-et-Meuse.

Le calcaire de Givet, qui se présente tout le long du système à poudingue et qui probablement s'étend sous tous les autres dépôts supérieurs, est peu développé le long de la bande médiane, mais il est au contraire très-puissant le long de l'Ardenne, où une plus grande élévation, un sol plus montueux et l'absence de dépôts meubles superficiels, lui donnent un aspect très-accidenté. Cette bande renferme un grand nombre de cavernes et autres cavités souterraines où les eaux superficielles se perdent à chaque instant pour reparaître à des distances plus ou moins éloignées. Parmi ces cavernes, les plus remarquables sont celle de Han traversée par la Lesse (*), et celle de Remouchamp sur les bords de l'Amblève. On exploite beaucoup de marbres dans cette bande, tels sont ceux rouge, gris et blanc de St-Remi près de Rochefort, de Malplaquet près de Philippeville, de Rance près de Chimay, etc.

La partie schisteuse du système des psammites du Condros qui, comme le calcaire, est aussi très-peu développé sur les bords septentrional de ce bassin, l'est au contraire beaucoup sur le bord méridional, où il détermine l'existence des deux petites contrées que nous avons indiquées sous les noms de Famenne et de Fagne (7 et 8). Ce n'est qu'au nord de la première de ces contrées que le Condros présente son caractère le plus distinctif, c'est-à-dire sa disposition en collines longues et étroites, à pentes douces dirigées du S.O. au N.E., séparées par des vallées parallèles peu profondes, disposition orographique qui est en rapport avec la nature du sol, les collines étant formées par des selles de psammites et les vallées par des bassins de calcaire de Visé qui reposent sur le psammite. Quoique ces selles et ces bassins soient généralement dirigés de l'O. à l'E., ils sont loin d'avoir tous la même étendue et de se prolonger indéfiniment sur toute la longueur de la contrée; il y en a au contraire qui forment des espèces d'îles, de golfes ou de presqu'îles, c'est-à-dire qui s'isolent, qui se réunissent ou qui se biffurquent. On

____

(*) On trouve une bonne description de la caverne de Han par MM. Kickx et Quetelet dans le tome II des *Nouveaux Mémoires de l'académie de Bruxelles.*

peut prendre une idée de cette disposition, si l'on com-
pare les deux coupes prises l'une sur la route de Namur
à Marche en Famenne, l'autre sur la route de Namur à
Givet ; car quoique ces deux coupes ne soient pas très-
divergentes, la première traverse huit bassins de calcaires de Visé entre les deux bordures de calcaire de
Givet, tandis que l'on n'en voit que quatre dans la
seconde, ce qui provient de ce que des selles de psammites s'étant rabaissées sous le calcaire, des bassins partiels ou plutôt des digitations de bassins se sont trouvées
réunies. Les psammites qui composent ces selles sont
généralement d'un jaune brunâtre dans les parties qui
viennent au jour, ou près du jour, dans les selles proprement dites ; mais dans les lieux où celles-ci sont
coupées par des vallées transversales, on remarque que
les psammites ont souvent une couleur verdâtre ou
bleuâtre et beaucoup plus de ténacité. Le schiste inférieur et les amas calcaires qui l'accompagnent percent
quelquefois jusqu'au sommet des selles psammitiques
et en tracent la ligne anticlinale ; ce cas, qui est rare,
se voit entre autres aux environs de Ciney.

Fossiles. 48. L'étude des fossiles de ce massif anthraxifère
n'est pas aussi avancée qu'on le désirerait (*) ; voici cependant la liste que M. Dumont a donnée de ceux de
la province de Liége, savoir :

Dans le système du poudingue de Burnot :

Leptæna (*productus*)	*Strophomena.*
Spirifer.	*Crinoidea.*

(*) M. De Koninck, qui possède une immense collection de ces fossiles, vient
de commencer la publication de leur description d'une manière très-soignée.

Dans le système du calcaire de Givet :

Orthocera.
Solarium.
Nerita.
Terebratula prisca.
   »   *explanata.*
   »   *aspera.*
   »   *numismalis, etc.*
Spirifer attenuatus.
   »   *lineatus.*
Strophomena.
Manon favosum.

Retepora antiqua.
Anthophyllum bicostatum.
Cyathophillum dianthus.
   »   *plicatum.*
   »   *quadrigeminum.*
   »   *cæspitosum.*
   »   *pentagonum.*
   »   *ananas, etc.*
Calamopora spongites.
   »   *polymorpha.*
Crinoidea.

Dans le système des psammites du Condros :

Terebratula aspera.
   »   *Wilsonii.*
   »   *Lineata.*
Spirifer attenuatus.
   »   *bisulcatus.*
   »   *lineatus.*
   »   *pinguis.*
Leptæna aculeata.

Strophomena pileopsis.
Pecten plicatus.
Lucina ?
Crassatella ?
Unio ?
Saxicava ?
Cyathophyllum.
Crinoidea.

Dans le système du calcaire de Visé :

Calimena Tristani.
   »   *macrophtalma.*
Orthocera striata.
Goniatites.
Buccinum acutum.
Evomphallus catillus.
   »   *pentagulatus.*
Turbo muricatus.
   »   *striatus.*
Turritella.
Cirrus rotundatus.

Natica globosa.
Nerita spirata.
Helicina.
Helix carinatus.
Bellerophon tenuifascia.
   »   *apertus.*
   »   *hiulcus.*
   »   *costatus, etc.*
Terebratula lineata.
   »   *crumentata.*
   »   *hastata.*

Terebratula indentata.
     »   *lœvigata.*
     »   *lœcunosa.*
     »   *monticularis.*
     »   *vestita.*
Spirifer glaber.
     »   *bisulcatus.*
     »   *oblatus.*
     »   *rotundatus.*
     »   *trigonalis.*
Leptœna scotica.
     »   *spinulosa.*
     »   *antiquata.*
     »   *conoïdes.*
     »   *hemispherica.*
     »   *latissima.*
     »   *lobata.*
     »   *martini.*
     »   *punctata.*
     »   *fimbriata.*
     »   *concinna.*

Leptœna longispina.
     »   *personata.*
     »   *plicatilis.*
     »   *rugosa.*
     »   *sarcinulata.*
     »   *sulcata.*
     »   *transversa*, etc.
Strophomena rugosa.
     »   *pileopsis.*
     »   *marsupita*, etc.
Vulsella lingulata.
Cardium alæforme.
Cypricardia annulata.
Sanguinolaria.
Gorgonia ripisteria.
Fungia discoidea.
Cyathophillum turbinatum.
     »   *cespitosum.*
Syringopora ramulosa.
Crinoidea.

Beaucoup d'autres espèces ont aussi été recueillies dans la partie occidentale du massif anthraxifère; mais, comme il y a souvent des doutes sur les systèmes dont elles proviennent, nous ne citerons qu'une écaille de poissons trouvée à Golzinne, dans le système du calcaire de Givet, et que M. Agassiz a reconnue appartenir au genre *Holoptychus*.

Il y a aussi dans ce terrain des végétaux qui ne sont pas encore déterminés, mais que l'on suppose se rapprocher des fucoïdes.

On remarque que les fossiles sont beaucoup plus communs dans les roches calcareuses que dans les roches schisteuses, et beaucoup moins rares dans celles-ci que dans les roches quarzeuses. En général, c'est dans les roches calcareuses friables qu'ils sont les plus abondants.

49. Le massif anthraxifère que nous venons d'examiner renferme ou supporte des dépôts de minerais métalliques, d'argile, de sables et de phtanite, qui nous semblent pouvoir être rapportés au terrain pénéen, ainsi qu'on le verra dans le chapitre suivant, mais que nous croyons devoir décrire ici à cause de leurs liaisons avec le terrain anthraxifère, et de l'incertitude qui règne sur leurs véritables rapports.

50. Le plus abondant de ces minerais métalliques est la limonite, que les mineurs nomment *mine jaune*, par opposition à l'oligiste (38) qu'ils nomment *mine rouge*. Cette substance est souvent de couleur jaune brunâtre ou brune et quelquefois noirâtre ; sa cohérence varie depuis l'état terreux jusqu'à une grande ténacité. Les parties cohérentes se trouvent au milieu des parties terreuses, sous des formes concrétionnées ou fragmentaires, et présentent souvent des géodes qui sont quelquefois tapissées de mamelons irisés, et donnent de superbes échantillons de cabinet. Ce minerai fournit du fer d'excellente qualité.

Les autres substances métalliques qui accompagnent la limonite sont la sperkise, la marcassite, la galène, la céruse, la blende, la calamine, la smithsonite, la willémite, etc.

Les minerais de zinc, quoique beaucoup moins répandus que la limonite, sont aussi très-importants, et le dépôt de l'Altberg près d'Aix-la-Chapelle aux confins des territoires belge et prussien, est un des plus riches que l'on exploite. Ses produits sont employés soit à préparer directement du laiton en le traitant avec du cuivre, soit à en retirer le zinc.

51. La galène a été exploitée dans différentes localités, et l'est peut-être encore soit pour en retirer du plomb, soit pour être employée directement, comme alquifoux, à vernisser les poteries. La principale mine de cette nature était celle de Védrin près de Namur, abandonnée depuis quelques années. On a aussi extrait de la galène à Couthuin, à La Rochette province de Liége, à Sirault dans le Hainaut, à Mazée, à Rochefort province de Namur et dans beaucoup d'autres lieux où elle se trouve en petite quantité dans la limonite.

La sperkise a été exploitée près de Namur pour en retirer le soufre et fabriquer de la couperose.

A Visé, il y a dans le calcaire bleu un filon cristallin qui renferme quelques cristaux et des grains de chalkopyryte, de malachite et d'azurite.

Sables.

52. Les sables sont quelquefois très-purs, et alors ils sont d'un beau blanc et recherchés pour les verreries ; d'autres fois ils sont colorés en jaune par l'hydrate ferrique, plus rarement en rouge par l'oxyde ferrique : souvent ils sont plus ou moins mélangés d'argile et de paillettes de mica.

Argiles.

53. Les argiles sont de diverses couleurs : celles qui sont les plus recherchées comme terre de pipe sont ordinairement grises ; d'autres fois elles sont jaunâtres, brunâtres, noirâtres, rougeâtres, blanchâtres, de teintes unies ou bigarrées. Les argiles jaunâtres et brunâtres, qui sont les plus communes, sont plus ou moins mé-

langées de limonite, et se lient intimement avec ce
minerai. D'autres fois elles passent à l'ocre, et cette
substance a, entre autres, été exploitée à Védrin. Les
argiles noirâtres sont fortement imprégnées de lignite.

54. Les phtanites, lorsqu'ils méritent réellement ce
nom, sont de couleur noire et à texture schistoïde,
comme ceux que l'on trouve en rognons ou en petits
bancs dans le calcaire anthraxifère; mais ils sont toujours accompagnés d'autres fragments quarzeux avec
lesquels ils se lient de la manière la plus intime, et qui,
considérés minéralogiquement, sont du jaspe gris, du
jaspe rougeâtre, du silex corné, de la meulière, du py-
romaque, du quarz, du psammite, du grès, et qui passent aussi à la limonite, à l'oligiste rouge, au schiste,
à l'ampélite, etc. (*). Ils présentent quelquefois des
géodes tapissées de cristaux de quarz blanc ou limpide,
d'autres fois ils sont presqu'entièrement composés de
tiges de crinoïdes, et alors ils ont une texture très-cellu-
leuse, parce que l'intérieur de ces tiges forme une espèce de tube traversé par un axe mince, auquel sont
attachées des rouelles qui laissent entre elles de grands
espaces vides rappelant les cellules des meulières.

55. Les gisements de ces divers dépôts sont extrè-
mement variés et souvent très-difficiles à déterminer.
Aussi est-on loin d'être d'accord sur la manière dont
on doit les concevoir.

(*) Toutes ces matières sont désignées dans la province de Namur sous le nom
de *cluvia*, et j'emploie quelquefois ici le mot phtanite comme synonyme de cette
dénomination plutôt que comme se rapportant exclusivement à la modification à
laquelle Haüy a donné le nom de phtanite.

56. Les uns peuvent être considérés comme de véritables filons qui coupent les bancs calcaires dans diverses directions, et qui pénètrent rarement dans les psammites et dans les schistes qui les avoisinent. Ces filons ont souvent une puissance assez considérable, mais fort irrégulière, et passent d'un côté à des gîtes que l'on devrait plutôt appeler des amas, tandis que, d'un autre côté, ils se lient intimement avec de petits filons de calcaire cristallin qui abondent dans les couches calcaires. Quant aux grands filons métallifères, ils sont principalement remplis de limonite fragmentaire et terreuse et d'argile brune, mais quelquefois ils se rapprochent des filons cristallins et renferment alors, outre les diverses substances métalliques indiquées ci-dessus, du calcaire cristallin, de la barytine cristalline et concrétionnée, du quarz cristallisé et compacte, de la fluorine cristalline, du phtanite, de l'allophane, de l'halloysite, etc. On a aussi trouvé des géodes de limonite remplies de soufre.

Les argiles et les sables forment aussi des filons à eux seuls, et il arrive très-fréquemment que les masses calcaires sont traversées par des filons d'argile brune qui sont très-irréguliers, souvent interceptés, et ressemblant quelquefois à des couloirs.

57. Dans les vallées longitudinales du Condros, on trouve presque toujours, vers le point de jonction des bassins calcaires et des selles psammitiques, mais plus généralement comprises dans les premiers que joignant réellement aux secondes, des séries de petits amas ou de filons larges et très-courts dans lesquels, du moins

lorsque les dépôts n'occupent par un espace considérable , on n'aperçoit point de stratification , et si ,
comme c'est le cas le plus fréquent, le dépôt se compose de sable et d'argile, la séparation n'a pas lieu par
assise, mais l'argile constitue au milieu du sable des
espèces de filons ou de veines qui n'ont ni limites ni
formes déterminées. On voit seulement le sable devenir
successivement plus argileux, et l'argile redevenir successivement sableuse. Du reste , sauf ce mélange du
sable et de l'argile, ces dépôts sont souvent remarquables par leur pureté, c'est-à-dire que l'on trouvera un
amas où il n'y a que du sable blanc et de l'argile blanche, un autre où il n'y a que du sable jaune et de
l'argile jaune, etc. On ne voit pas plus de traces de
fossiles dans ces dépôts que dans les filons métallifères,
et si l'on y rencontre parfois des fragments pierreux, ils
sont rares, sauf dans les parties supérieures, où la matière devient ordinairement une argile jaune brunâtre,
remplie de fragments de phtanite et de limonite. Quelquefois cette dernière substance, enfouie dans une argile ocreuse, devient très-abondante et occupe toute
la cavité ou du moins la majeure partie de la cavité.
Dans ce dernier cas, elle se trouve ordinairement dans
le milieu, et les sables et les argiles forment les sal-
bandes du dépôt ferrugineux.

58. Quoique les phtanites soient généralement des
compagnons fidèles des dépôts métallifères, sableux et
argileux, ils ne sont pas tout à fait dans les mêmes conditions de gisement ; on ne les voit pas notamment réellement mêlés avec les vrais dépôts de sables ni avec

ceux d'argiles grises, jaunes ou blanches, mais on les rencontre fréquemment enfouis dans les argiles brunâtres qui recouvrent ces dépôts et le sol environnant, où ils se trouvent en nombreux fragments anguleux ou blocaux, et quelquefois en rognons ou même en blocs. Ils se lient davantage avec la limonite, et ils forment parfois de véritables couches soit dans la partie inférieure des bassins de limonite, soit dans d'autres lieux, et se confondent ainsi avec ceux dont nous allons parler, qui forment la première assise du terrain houiller.

59. Enfin lorsque les dépôts qui nous occupent deviennent plus développés, ils présentent des couches distinctes et composent de véritables bassins, souvent en forme de bateaux, dont les bords sont quelquefois fortement relevés ou même renversés. Ces bassins donnent souvent lieu à des exploitations importantes soit de minerais de fer, soit de terres de pipe. Tels sont, pour les premiers, les principaux gîtes des environs de Philippeville, et pour les secondes, ceux des environs d'Andenne qui alimentent la plupart des fabriques de pipes de la Hollande. Dans ces bassins, les lits de bonne argile ou terre de pipes sont ordinairement séparés par des couches d'argile sableuse, de sables quelquefois purs, et de terres noires ou argile mélangée de lignite, renfermant de temps en temps des fragments de végétaux transformés soit en lignite, soit en sperkise. Les bassins à minerais de fer ont aussi une composition analogue : la limonite repose ordinairement sur des couches d'argile, de sable et quelquefois de phtanite. On y a

trouvé quelques fossiles notamment des crinoïdes et des
leptènes.

60. Les dépôts anthraxifères qui existent à l'E. de la
bande ardoisière de l'Ardenne font partie d'un immense
massif qui s'étend *de la Sure à la Diemel,* et qui est
célèbre par ses fossiles ainsi que par la présence des dépôts volcaniques, basaltiques et trachytiques qui le traversent dans l'Eifel ; mais la petite portion qui s'avance
dans l'Ardenne belge près de Bastogne, ne se compose
que de schistes, de psammites et de quarzites appartenant à l'étage anthraxifère inférieur, c'est-à-dire à celui qui, de l'autre côté de l'Ardenne, est caractérisé
par la présence du poudingue de Burnot.

Massif d'entre
la Sure
et la Diemel.

SECTION IIIe.

TERRAIN HOUILLER.

61. Le terrain houiller, ainsi que nous avons déjà
eu l'occasion de le dire, forme des bassins emboîtés
dans ceux de calcaire de Visé, et qui s'étendent sur toute
la longueur du massif anthraxifère, en se perdant, ainsi
que ce dernier, sous les terrains crétacés et tertiaires
qui les recouvrent du côté de l'Escaut et de la Roer.
Presque tous les dépôts houillers sont au nord de la
bande médiane du poudingue de Burnot, car il n'existe,
au sud de cette bande, que quelques petits bassins ou
lambeaux isolés, dont deux seulement, ceux de Bende

Notions
générales.

4

et de Bois en Condros, donnent lieu à de petites exploitations de houille. Mais les bassins du nord forment, au contraire, un des plus riches dépôts de houille qui existent sur le continent. Il est possible qu'ils ne forment que deux immenses bassins qui se prolongent d'un côté sur le territoire français et de l'autre sur les territoires prussien et néerlandais, mais nous n'oserions assurer qu'il en soit réellement ainsi, parce que la continuité au jour du terrain houiller est interrompue par des dépôts superficiels.

Ces deux grands bassins, qui ont en quelque manière pour centre les villes de Charleroy et de Liége, sont séparés par une petite selle de calcaire entre Namur et Huy.

Le terrain houiller de la Belgique est, comme celui d'autres pays, principalement composé de houille, de schiste argileux et de psammites passant à l'anthracite, au schiste bitumineux, à l'ampélite alunifère, au phtanite, au quarzite, au grès, au sidérose, etc.

Roches
charbonneuses.

62. La houille forme des couches dont l'épaisseur est très-variable ; on en cite de plus de deux mètres et d'autres fois elles ne consistent qu'en de simples indices. Cette houille est généralement feuilletée, mais sa texture présente beaucoup de variations ; il y en a qui est presque compacte, d'autres dont les feuillets sont si minces qu'elle ressemble à de l'oligiste laminaire ; quelquefois elle est terreuse et pulvérulente. Elle est toujours d'un noir assez foncé, souvent éclatante, ayant même le brillant métallique. Ses qualités comme combustible sont aussi très-variables, et on trouve des

nuances depuis les houilles les plus grasses jusqu'aux houilles les plus sèches. Les premières s'enflamment avec facilité, brûlent avec rapidité et ne laissent presqu'aucun résidu ; il y a notamment à Liége des houilles tellement grasses qu'on ne peut les employer au chauffage domestique dans leur état naturel, attendu qu'elles éprouvent un renflement trop considérable ; aussi est-on obligé de les pétrir avec de l'argile pour en faire des boulets qui brûlent avec moins de rapidité. Une autre houille grasse, à longues flammes, que l'on extrait au Flénu près de Mons, est extrêmement recherchée pour la préparation du gaz d'éclairage. Les houilles sèches s'allument avec difficulté et brûlent avec lenteur. Cette propriété est quelquefois due à ce que ce combustible se rapproche de l'anthracite, mais le plus souvent elle résulte d'un mélange d'argile ferrugineuse en quantité plus ou moins considérable. Ces dernières variétés, que l'on appelle *houille maigre, terre-houille* ou *téroule*, sont avantageuses pour le chauffage des classes peu aisées, à cause de la lenteur de leur combustion.

On trouve quelquefois, au milieu des houilles grasses, des feuillets d'anthracite qui se distinguent de la masse principale, parce qu'ils ne brûlent pas lorsqu'ils sont exposés à un feu ordinaire. En général, tout porte à croire que la houille et l'anthracite ne sont que des termes d'une même série, et que la différence entre ces deux substances n'est pas aussi tranchée qu'on l'a cru pendant longtemps. D'autres fois la houille passe à la substance que l'on a nommée houille daloïde, c'est-à-dire à une matière qui ressemble à du charbon de bois qui se présente quelquefois en fragments liés intimement avec la houille ordinaire qui les renferme, et qui font entendre absolument le même *cri* que le charbon de bois, lorsqu'on veut le rayer dans un sens contraire à la direction des fibres; d'autres fois, cette matière forme des espèces d'enduits friables, qui recouvrent l'extérieur des couches de houille.

Roches schisteuses.

63. Les schistes du terrain houiller sont ordinairement grisâtres ou brunâtres, et deviennent quelquefois tout à fait noirs; c'est le cas principalement de ceux qui avoisinent les couches de houille; aussi cette couleur se perd par l'action du feu, ce qui annonce qu'elle est due à une matière charbonneuse. Leur dureté et très-variable, car d'un côté ils passent à l'argile, et de l'autre au phtanite; ils ont tous une grande tendance à se décomposer par les influences météoriques. Il y en a qui passent à des couches compactes où l'on ne distingue pas la structure schistoïde.

L'ampélite alunifère ne paraît différer des schistes noirs de ce terrain que par sa propriété de donner de l'alun après avoir été grillé. Il a principalement été exploité sur les bords de la Meuse entre Liége et Huy.

Roches quartzeuses.

64. Les psammites sont ordinairement grisâtres et passent au brunâtre, au noirâtre, au rougeâtre et au bleuâtre. Ils renferment communément de petites paillettes de mica; ils ont souvent la texture schistoïde et passent au schiste argileux; d'autres fois ils passent au grès; on en voit qui contiennent des fragments de houille. On peut citer à cette occasion un psammite gris, passant au grès blanc, que l'on exploite au château

de Namur, et où l'on voit beaucoup de ces fragments de houille qui semblent provenir de débris de végétaux. Ces roches sont employées à faire des pavés, des meules à aiguiser, des moellons, etc. Elles passent quelquefois au quarzite et au poudingue à petits grains.

Les phtanites qui se lient intimement avec les ampélites, les schistes et les quarzites, sont presque toujours schistoïdes ; souvent ils sont noirs, quelquefois gris, passant d'autres fois au blanchâtre, au jaunâtre, au rougeâtre, etc. Ils deviennent parfois un peu translucides sur les bords et passent ainsi au silex.

65. Le sidérose se présente souvent sous la forme de rognons ou de blocs ovoïdes engagés dans le schiste argileux ou dans la houille : lorsque ces rognons ont été exposés quelque temps aux influences météoriques, ils se divisent en feuillets concentriques. D'autres fois le sidérose forme des couches au milieu du schiste argileux, et alors il est très-difficile de le distinguer de celui-ci par la vue simple. On a employé ce minerai depuis quelques années, dans les environs de Liége, pour la préparation du fer.

Parmi les autres minéraux qui se trouvent dans le terrain houiller, nous citerons la sperkise et la marcassite, qui se rencontrent principalement dans les houilles sèches dont elles détériorent la qualité ; le quarz, qui forme des veines et des cristaux dans les psammites ; le calcaire, qui se trouve quelquefois en noyaux cristallins ou en infiltration, entre les feuillets de houilles et des autres roches ; le gypse, qui existe en petits cristaux dans les ampélites ; la couperose et l'alun de plume, qui forment de petites concrétions, des enduits ou des veines fibreuses dans ces mêmes ampélites ; la pholérite, qui a été abservée en petites veines dans les schistes et les psammites des environs de Liége, etc.

66. Les subdivisions que l'on pourrait établir dans le terrain houiller qui nous occupe, n'ont pas encore été étudiées avec tout le développement nécessaire. Le seul travail de ce genre qui ait été publié, est celui de M. Dumont, sur la province de Liége, d'après lequel on peut y distinguer trois étages.

Le premier, qui s'étend sur tous les lieux où existe le terrain houiller, est composé dans sa partie inférieure de phtanite, de quarzite ou d'ampélite alunifère qui forment un système intermédiaire entre le calcaire de Visé et le terrain houiller proprement dit, mais qui manque assez souvent et qui est suivi par un système houiller qui ne renferme qu'une houille généralement sèche, souvent friable, terreuse et pyriteuse.

L'étage moyen ne forme au jour qu'une ceinture autour de Liége, et donne une houille beaucoup plus grasse que le premier.

Enfin l'étage supérieur, plus resserré encore, compose les plateaux des environs de Liége. Sa stratification est beaucoup moins compliquée que celle des deux autres, et il renferme les houilles les plus grasses. M. Dumont compte 31 couches de houille dans cet étage, 21 dans l'étage moyen et 33 dans l'étage inférieur, ce qui ferait un total de 85 couches dans le bassin.

67. Ce terrain houiller renferme beaucoup de débris de végétaux qui se trouvent principalement dans les

couches de schistes qui avoisinent la houille. Ils s'y présentent ordinairement sous la forme d'empreintes qui sont, pour ainsi dire, imprimées sur le schiste ; mais quelquefois le végétal a plus ou moins conservé son épaisseur originaire, et sa substance se trouve remplacée par de la houille ou par la matière même du schiste.

Voici la liste des végétaux fossiles que l'on y a observés (*) :

Fucoides. Plusieurs espèces.
Calamites approximatus, Schl.
   »   *Suckowii*, Ad. Br.
   »   *undulatus*, Ad. Br.
   »   *dubius*, Artis.
   »   *distans*, Ster.
   »   *cistii*, Ad. Br.
   »   *cannæformis*, Schl.
   »   *ramosus*, Artis.
   »   *nodosus*, Schl.
Sphænopteris furcata, Ad. Br.
   »   *alata*, Ad. Br.
   »   *multifida*, Sauv.
   »   *dissecta*, Ad. Br.
   »   *delicatula*, Ster.
   »   *trifoliata*, Ad. Br.
   »   *Hœninghausii*, Ad. Br.
   »   *rigida*, Ad. Br.
   »   *trichomanoides*, Ad. Br.
   »   *distans*, Ster.

Sphænopteris stricta, Ster.
   »   *obtusiloba*, Ad. Br.
   »   *latifolia*, Ad. Br.
   »   *elegans*, Ster.
   »   *artemisiæfolia*, Ster.
   »   *acutifolia*, Ad. Br.
Otopteris gibbosa, Sauv. (**).
   »   *semicardata*, Sauv.
   »   *cycloidea*, Sauv.
   »   *reniformis*, Sauv.
   »   *tendulata*, Sauv.
Nevropteris heterophylla, Ad. Br.
   »   *gigantea*, Ster.
   »   *acuminatus*, Ad. Br.
   »   *flexuosa*, Ster.
   »   *angustifolia*, Ad. Br.
   »   *acutifolia*, Ad. Br.
   »   *macrophylla*, Ad. Br.
   »   *Grangeri*, Ad. Br.
   »   *rotundifolia*, Ad. Br.

(*) Cette liste a été formée sur un travail que M. D. Sauveur a bien voulu me remettre en 1831, et dans lequel j'ai intercalé diverses espèces d'après l'*Histoire des végétaux fossiles* de M. Adolphe Brongniart. Les noms des auteurs auxquels est dû l'établissement des espèces, sont indiqués par les abréviations suivantes : Adolphe Brongniart, Ad. Br. ; D. Sauveur, Sauv. ; de Schlottheim, Schl. ; le comte G. de Sternberg, Ster.

(**) M. Sauveur donne le nom d'*otopteris* au genre que M. Ad. Brongniart nomme *cyclopteris*.

Nevropteris cistii, Ad. Br.
» *Loshii*, Ad. Br.
» *distans*, Ad. Br.
Pecopteris blechnoides, Ad. Br.
» *hannonica*, Sauv.
» *cyathea*, Ad. Br.
» *Schlottheimii*, Ad. Br.
» *aquilina*, Ster.
» *Davreuxii*, Ad. Br.
» *rigida*, Sauv.
» *Mantelli*, Ad. Br.
» *lonchitica*, Ad. Br.
» *arborescens*, Ad. Br.
» *gigantea*, Ad. Br.
» *heterophylla*, Sauv.
» *nervosa*, Ad. Br.
» *amœna*, Sauv.
» *chnoophoroides*, Sauv.
» *distans*, Sauv.
» *pennæformis*, Ad. Br.
» *Dournaisii*, Ad. Br.
» *Sauveurii*, Ad. Br.
» *obliqua*, Ad. Br.
» *abbreviata*, Ad. Br.
» *æqualis*, Ad. Br.
» *dentata*, Ad. Br.
» *plumosa*, Artis.
» *delicatula*, Ad. Br.
» *muricata*, Ster.
Lonchopteris elegans, Sauv.
» *elongata*, Sauv.
» *pectinata*, Sauv.
» *subacuta*, Sauv.
» *Bricii*, Ad. Br.
Odontopteris appendiculata, Sauv.
Sigillaria lœvigata, Ad. Br.
» *elongata*, Ad. Br.
» *alternans*, Sauv.
» *reniformis*, Ad. Br.
» *hippocrepis*, Ad. Br.
» *Davreuxii*, Ad. Br.
» *notata*, Ad. Br.

Sigillaria mamillaris, Ad. Br.
» *scutellata*, Ad. Br.
» *trigona*, Ad. Br.
» *contigua*, Sauv.
» *antiqua*, Sauv.
» *tenellata*, Ad. Br.
» *elegans*, Ad. Br.
» *Brochantii*, Ad. Br.
» *elliptica*, Ad. Br.
» *notata*, Ad. Br.
» *transversalis*, Ad. Br.
» *mamillaris*, Ad. Br.
» *Græseri*, Ad. Br.
» *scutellata*, Ad. Br.
» *minuta*, Sauv.
» *Dournaisii*, Ad. Br.
Syringodendron pachyderma, A. B.
» *cyclostigma*, A. B.
Sphænophyllum pusillum, Sauv.
» *Schlotteimii*, A. B.
» *quadriphyllum*, S.
» *multifidum*, Sauv.
Lepidodendron ophiurus, Ad. Br.
» *pulchellum*, A. Br.
» *obovatum*, Ster.
» *aculeatum*, Ster.
» *selaginoides*, A. B.
» *elegans*, Ad. Br.
» *rugosum*, Ad. Br.
» *Sternbergii*, A. Br.
» *rimosum*, Ster.
» *undulatum*, Ster.
» *imbricatum*, Ster.
» *confluens*, Ster.
» *laricinum*, Ad. Br.
Stigmaria ficoides, Ad. Br.
» *minima?* Ad. Br.
» *mosana*, Sauv.
» *gigantea*, Sauv.
Sternbergia Volkmanni, Sauv.
Annularia minuta, Ad. Br.
» *radiata*, Ad. Br.

Asterophyllites rigida, Ad. Br.	*Asterophyllites equisetiformis*, A.B.
» *delicatula*, Ad. Br.	» *longifolia*, Ad. Br.
» *elegans*, Sauv.	*Volkmannia grandis*, Sauv.

En fait de fossiles animaux, M. Dumont a observé dans la province de Liége : les *Goniatites atratus*, *Listeri*, *diadema*; le *Nautilus multicarinatus*, l'*Orthocera Steinhaueri*, un spirifère, un leptène, une évonphale, le *Pecten papyraceus*, les *Unio acutus* et *subconstrictus*, la *Mya ventricosa*, le *Cyathophyllum quadrigeminum*, des crinoïdes, des polypiers. M. Davreux possède une empreinte de poisson que l'on suppose être le *Palæoniscus vratislaviensis*, et qui paraît provenir de l'ampélite alunifère des environs de Visé. Enfin M. Godelet a trouvé dans le terrain houiller des environs de Namur, notamment dans le sidérose schistoïde de Ste-Barbe, un grand nombre de coquilles qui ne sont pas encore bien déterminées, mais où l'on a déjà reconnu les genres leptène, térébratule et goniatite, ainsi que des coquilles turriculées, qui paraissent être des turbos et des mélanies.

68. Quoique les *filons métallifères* que nous avons décrits à la suite du terrain anthraxifère, s'arrêtent généralement au contact du terrain houiller, M. Dumont a reconnu que celui du Bleyberg près de Moresnet province de Liége, traverse le quarzite et le schiste bitumineux qui forment la partie inférieure du terrain houiller. Le minerai est principalement composé de galène et de blende.

SECTION IVᵉ.

TERRAIN PÉNÉEN.

Notions générales.

69. Indépendamment des dépôts de minerais métalliques, de sables et d'argile que nous avons décrits à la suite du terrain anthraxifère, et que nous supposons appartenir, du moins pour la plus grande partie, au *terrain pénéen*, le territoire belge renferme encore deux systèmes de dépôts qui pourraient bien aussi se rapporter à ce groupe, l'un se compose d'une petite bande de cailloux et de poudingue dont nous parlerons à l'article du terrain triasique ; l'autre est un petit bassin situé entre Malmédy et Stavelot.

Dépôt de Malmédy.

70. Ce bassin, de forme allongée, est entièrement entouré de terrain ardoisier sur lequel le dépôt qui nous occupe repose immédiatement, mais en stratification discordante, car, tandis que les roches ardoisières sont en couches fortement inclinées, celles que nous considérons comme pénéennes sont en couches presque horizontales. Ces roches sont peu développées sur le territoire belge, mais elles présentent, le long de la Warge à Malmédy, des coupes de plus de 150 mètres. Elles sont principalement caractérisées par la présence de couches épaisses de poudingues passant au psammite, au pséphite, au macigno, au schiste, dans lesquels dominent la couleur rougeâtre. Les poudingues à gros noyaux se trouvent principalement dans la partie inférieure. Ces noyaux paraissent aller en diminuant de bas en haut, et la partie supérieure est en général formée de pséphites et de schistes. Les noyaux des poudingues sont principalement composés de quarz grenu, mais il y en a aussi de calcaires qui sont ordinairement d'un gris passant au gris de fumée et au rougeâtre. Ils sont faiblement agglutinés par une pâte de couleur rougeâtre semblable à celle des psammites, des pséphites et des macignos. Les assises de pséphites, qui forment la partie supérieure du dépôt, présentent des fragments de schistes rougeâtres et verdâtres enveloppés dans une pâte rougeâtre.

M. Dumont a trouvé dans les noyaux des poudingues les fossiles suivants :

Turritella.
Spirifer attenuatus.
    »   *rotundatus.*
Encrinites.
Stromatopora concentrica.
Cyathophyllum plicatum.
    »   *pentagonum.*

Cyathophyllum ananas.
Astrea porosa.
    »   *agaricites.*
Syringopora cæspitosa.
Calomopora gothlandica.
    »   *polymorpha.*
    »   *spongites.*

SECTION V^e.

TERRAIN TRIASIQUE.

71. Le *terrain triasique*, qui est très-développé dans les pays à l'E. de la Belgique, forme le long de l'Ardenne belge une petite lisière qui vient se perdre dans le canton de Florenville, entre les terrains ardoisier et jurassique.

On sait que le terrain triasique ou salifère est formé dans l'E. de la France et l'O. de l'Allemagne, de trois étages distincts et respectivement caractérisés par la présence du *grès pécilien* ou *bigarré*, du *calcaire conchylien* ou *muschelkalk* et des *marnes keupriques* ou *irisées*. Ces trois étages sont encore bien prononcés dans le grand duché de Luxembourg, mais ils ne se présentent pour ainsi dire qu'en rudiments sur le territoire belge, du moins les deux derniers.

Étage pécilien.

72. Le premier, qui repose immédiatement sur le terrain ardoisier, commence par une assise de cailloux roulés qui, comme nous venons de l'indiquer, appartiennent peut-être au terrain pénéen plutôt qu'au terrain triasique ; ces cailloux sont en général composés de matières quarzeuses analogues à celles du terrain ardoisier, et sont ordinairement colorés en rouge par de l'oxyde ferrique. Ils passent au poudingue dans lequel se trouvent quelquefois des bancs de gompholite et même de calcaire aussi mélangé de cailloux. Les poudingues passent dans leur partie supérieure aux psammites rougeâtres, et ceux-ci à des marnes de couleurs rougeâtre, brunâtre, verdâtre, bleuâtre, grisâtre, plus souvent bigarrées qu'unies.

Étage conchylien.

73. L'étage conchylien n'est représenté sur le territoire belge que par quelques bancs de calcaire ordinairement blanc grisâtre, passant à la dolomie et intercalés dans des lits de marne (*).

(*) M. Dumont, qui vient de présenter à l'académie de Bruxelles (séance du 4 décembre 1841) une description détaillée des terrains triasique et jurassique de la province belge de Luxembourg, comprend dans son système triasique

74. L'étage keuprique présente d'abord des marnes semblables à celles qui alternent avec le calcaire, et qui sont surmontées par du sable fin d'un gris jaunâtre ou verdâtre, parsemé de très-petites paillettes de mica, et contenant quelquefois des cailloux de quarz blanc et d'autres roches quarzeuses. Ces sables renferment, surtout dans leur partie supérieure, du grès qui est quelquefois employé pour bâtir, et dans lequel M. Dumont a observé quelques empreintes de fucoïdes.

Étage
keuprique.

SECTION VIe.

TERRAIN JURASSIQUE.

75. Le *terrain jurassique* ne s'étend aussi que sur une petite portion du territoire belge, laquelle cependant est beaucoup plus développée que celle occupée par le terrain triasique, et comprend tout ce qui est situé au sud d'une ligne tirée d'Arlon à Florenville.

Notions
générales.

moyen le calcaire avec toutes les marnes de ce groupe, et j'avoue que cette marche, du moins par rapport à cette contrée, est plus rationnelle que celle que j'ai suivie ; mais je n'ai pas cru devoir m'écarter de l'usage général qui considère les marnes inférieures au calcaire conchylien ou *marnes bigarrées*, comme appartenant à l'étage pécilien, et celles supérieures ou *marnes irisées*, comme appartenant à l'étage keuprique. Du reste les marnes dans lesquelles sont intercalées les petits bancs mentionnés ci-dessus étant, d'après M. Dumont, rougeâtres, comme le sont ordinairement celles des étages péciliens et keupriques et non grises, comme le sont ordinairement celles de l'étage conchylien, il se pourrait que les bancs dont il s'agit, n'appartinssent pas réellement à cet étage, mais ne représentassent que de petits bancs semblables, qui se trouvent intercalés dans les marnes keupriques du S. E.

Des quatre étages que nous distinguons maintenant dans le terrain jurassique, il n'y en a que deux, les étages liasique et bathonien, qui atteignent le territoire belge (*).

Comme ces dépôts sont composés d'assises alternatives, de marnes susceptibles de se délayer, et de grès ou de calcaires solides dont les couches se relèvent sous un angle d'un à deux degrés vers le terrain ardoisier de l'Ardenne, et de manière qu'à mesure que l'on avance vers le sud-ouest, on voit paraître une nouvelle assise dans l'ordre des superpositions, il en résulte que la contrée est divisée en vallées et en collines longitudinales parallèles à la bordure de l'Ardenne. Les premières correspondent aux assises marneuses, et les secondes aux assises solides. Celles-ci présentent en général des escarpements ou des pentes rapides du côté qui regarde l'Ardenne, et des pentes douces du côté opposé. Du reste ces collines longitudinales sont, comme celles du Condros (7), fréquemment découpées par des vallées transversales dont la direction est très-variable.

76. D'après les observations de M. Dumont, l'*étage liasique* commence dans le Luxembourg belge par des *marnes* bleuâtres qui sont exploitées pour l'amende-

Étage liasique.

Marne de Jamoigne.

(*) Depuis la publication de la dernière édition de mes *Éléments de géologie*, j'ai cru devoir adopter la marche suivie par les auteurs qui ne voient dans le *terrain liasique* qu'un simple étage du terrain jurassique, ce qui ne m'a plus permis de distinguer les trois autres étages par les epithètes d'*inférieur*, de *moyen* et de *supérieur*. Je désigne, en conséquence, ces deux derniers par les noms de *portlandien* et d'*oxfordien*, qui sont assez généralement usités, et j'ai cru, pour plus d'uniformité, pouvoir donner au premier celui de *bathonien*, au lieu de me servir des dénominations d'*oolite de Bath* ou de *grande oolite*.

ment des terres, notamment à *Jumoigne*, et qui renferment des bancs de calcaire ordinairement compacte, d'un gris bleuâtre ou gris de fumée et passant au macigno dans la partie supérieure. Ce système forme une bande tout le long du terrain triasique, mais qui, au lieu de se perdre, comme ce dernier sur le territoire belge, s'étend à l'ouest jusqu'au delà de Mézières et qui est remarquable par les riches prairies dont il détermine l'existence.

M. Dumont dit que : les fossiles de ce système les plus caractéristiques par leur abondance sont la *Gryphœa arcuata*, le *Plagiottoma gigantea*, l'*Ostrea irregularis*, la *Cytherea lamellosa*. Il y a aussi recueilli l'*Astarte subcarinatus*, des ammonites, des pleurotomes, des peignes, des cyatophylles, etc.

77. Ce dépôt est surmonté par un autre système où domine le *grès* qui forme les beaux escarpements sur lesquels est bâtie la forteresse *de Luxembourg*, et qui constitue au sud de la bande marneuse, une série de plateaux élevés qui ont une grande tendance à présenter des escarpements en forme de tours ou de ruines.

Grès
de Luxembourg

Ce système commence ordinairement par des sables jaunâtres, quelquefois un peu ferrugineux ou calcarifères, qui passent à des grès plus ou moins calcarifères, lesquels deviennent quelquefois du calcaire quarzifère. Ces roches sont ordinairement blanchâtres ou jaunâtres et accompagnées de lits de sables, de calcaire coquiller friable, et parfois de plaques de grès ferrugineux passant à la limonite. Elles sont, surtout à l'est d'Arlon, recouvertes par une assise peu épaisse de calcaire argileux et de marnes. Ce calcaire donne de la bonne chaux hydraulique ; les grès servent à faire des pavés , des meules à aiguiser, et sont employés , ainsi que le calcaire quarzifère , comme pierre de taille et comme moellon. Les fossiles principaux de ce système sont , d'après M. Dumont, les *Gryphœa arcuata, cymbium*, et *obliquata ?* l'*Avicula inæquivalvis*, l'*Unio concinnus*, les *Terebratula ornithocephala, perovalis*, et *tetraedra ;* on y trouve aussi des ammonites , des bélemnites , des lingules , des peignes , des crinoïdes , des astrées. La *Gryphœa arcuata* est surtout abondante dans le calcaire et les marnes supérieures (*).

Macigno d'Aubange.

78. La bande de grès de Luxembourg est recouverte sur sa bordure méridionale par du schiste , qui se lie à une roche que M. Dumont rapporte à l'espèce *macigno*, et que l'on emploie notamment pour empierrer les routes des environs d'*Aubange ;* cette roche est composée de quarz, d'argile , de calcaire , de limonite et

(*) D'après tous les auteurs qui s'étaient occupés du grès de Luxembourg , j'avais , dans mes publications précédentes , indiqué ce système comme inférieur au calcaire à gryphées proprement dit ou lias bleu , et j'avais rangé dans un système différent le calcaire quarzifère d'Orval, que M. Boblaye (*Annales des sciences naturelles ,* XVIII , 50) avait reconnu être supérieur au calcaire à gryphées ; mais les nouvelles observations de M. Dumont viennent de prouver que le grès de Luxembourg est aussi supérieur au lias bleu , et que le calcaire quarzifère n'est qu'un accident de ce grès. Probablement que l'opinion contraire tire son origine de ce que la marne de Jamoigne s'amincit et peut-être disparaît tout à fait à l'est d'Arlon, tandis que le calcaire et les marnes supérieures au grès y deviennent plus épais. Peut-être aussi que dans quelques localités on aura pris du grès keuprique à empreintes végétales pour du grès de Luxembourg , d'autant plus facilement que l'on voit par les coupes qui accompagnent la description géognostique du grand duché de Luxembourg par M. Steininger (tome III des *Mémoires couronnés par l'académie de Bruxelles*) , qu'il y a de nombreuses failles dans cette contrée.

de paillettes de mica ; ses couleurs sont le gris bleuâtre, le gris brunâtre et le brun ; ses fossiles les plus caractéristiques sont la *Plicatula spinosa*, la *Pholadomia Hausmanni* et beaucoup de bélemnites ; on y trouve aussi la *Gryphæa dilatata?* la *Terebratula ovalis*, des huîtres, des ammonites, etc.

79. Les dépôts qui suivent ce système et que nous rapportons avec M. Dumont à l'étage bathonien, ne s'étendent que sur une très-petite lisière du territoire belge.

Étage Bathonien.

80. Ils commencent par une *marne* argileuse d'un bleu foncé, grasse et onctueuse au toucher, renfermant des rognons géodiques de calcaire compacte, gris de fumée, et des cristaux de gypse. Elle est souvent très-mélangée de lignite, aussi l'exploite-t-on à *Amblimont* département des Ardennes, pour la brûler et en faire des cendres que l'on emploie à l'amendement des terres. On s'en sert aussi pour faire des briques et des poteries. Ses fossiles principaux sont les *Belemnites compressus* et *dilatatus*, des ammonites, l'*Arca elegans*, l'*Astarte depressa*, des lutraires, des donacites, des térébratules, etc.

Marne d'Amblimont.

81. Au-dessus de cette marne s'élève une *oolite ferrugineuse* qui est exploitée au sud de Musson comme minerai de fer, et que nous croyons appartenir au même système que celle qui alimente les exploitations plus importantes *de Margut* département des Ardennes ; le fer que l'on en retire est de mauvaise qualité (*).

Oolite ferrugineuse.

(*) Ce n'est qu'avec doute que je rapporte l'oolite de Margut à celle dont M. Dumont a constaté la position à Mont-saint-Martin ; car M. Boblaye (*Annales des*

Oolites de Montmédy.

82. Enfin l'oolite ferrugineuse est surmontée par une assise épaisse d'*oolite* jaunâtre qui constitue les plateaux sur lesquels sont bâties les villes *de Montmédy*, Longwy, etc. (*). Quoique cette roche ait ordinairement la texture oolitique, elle passe aussi aux calcaires lamellaire, grossier, celluleux et lumachelle. Ses fossiles principaux sont, d'après M. Dumont, le *Belemnites quinquesulcatus*, la *Terebratula perovalis*, des huîtres, des peignes, des plagiostomes.

Limonite fragmentaire.

83. Ce système est traversé par de larges filons ou *amas de limonite* en grains et en gros fragments accompagnés de limon ferrugineux. Ce minerai est très-recherché à cause de la bonté du fer que l'on en retire ; il y en a notamment des exploitations importantes à Saint-Pancré et à Aumetz département de la Moselle, et il s'étend jusqu'à Ruette canton de Virton. On exploite aussi, au nord de la bande oolitique, une limonite en grains et en fragments souvent arrondis, formant des dépôts superficiels qui se prolongent sur le territoire du Grand-Duché, et que l'on doit plutôt rapporter au terrain diluvien qu'au terrain jurassique.

sciences naturelles, XVIII, 52) la considère comme subordonnée à son calcaire ferrugineux, c'est-à-dire au macigno d'Aubange, et par conséquent comme inférieure à la marne d'Amblimont.

(*) Cette assise correspond à la *grande oolite* de la plupart des géologues français, et à l'oolite de Bath ou *great oolit* des géologues anglais.

SECTION VIIe.

TERRAIN CRÉTACÉ.

84. Le *terrain crétacé* se trouve dans deux portions du territoire belge, l'une à l'O., l'autre à l'E. Il y est en couches horizontales reposant immédiatement, mais en stratification discordante, sur les dépôts primordiaux.

85. Les dépôts crétacés de l'E. constituent un *massif* qui s'étend *de la Gette à la Worm*, en occupant des parties de la Hesbaye et du pays de Herve. Dans la première de ces contrées ils sont presque toujours recouverts par des dépôts tertiaires, surtout par du limon, et ne se montrent que sur les flancs des vallées, sans atteindre néanmoins une grande épaisseur, car, lorsque les vallées ont un peu de profondeur, comme dans le voisinage de Liége et de Huy, on voit paraître les terrains primordiaux. Les dépôts crétacés ne se trouvent, aux environs de Herve, que sur la partie supérieure des plateaux ; mais ils deviennent plus épais dans les environs de Maestricht et d'Aix-la-Chapelle, où ils forment à eux seuls des collines assez considérables.

M. Dumont distingue dans ce massif crétacé cinq systèmes, qui sont respectivement caractérisés par la prédominance du sable, de la smectite, de l'argilite chloritée, de la craie blanche et du tuffeau jaunâtre. Il considère les trois premiers comme représentant respectivement le *lower greensand* ou *shanklin sand*, le *gault* et l'*upper greensand* ou *malm* des Anglais, c'est-à-dire comme appartenant à l'étage moyen du terrain crétacé, mais ce rapprochement est maintenant contesté par M. d'Archiac, qui range tout le massif dans l'étage supérieur (*).

86. Les *sables* sont principalement développés aux environs *d'Aix-la-Chapelle*. Leur couleur la plus générale est le jaunâtre ; ils renferment de petits lits d'argile, des plaques de grès ferrugineux, ainsi que des bancs, des blocs ou des rognons de grès jaunâtres, parfois calcarifères et passant d'autres fois au silex corné. Leur partie inférieure se compose en certains lieux, notamment à Gemmenich province de Liége, de grès blanc exploité pour faire des pavés. Dans la partie supérieure ils sont généralement mélangés de chlorite (**), quelquefois de calcaire. Parmi les fossiles observés dans ce système par MM. Dumont et d'Archiac, nous citerons le *Belemnites quadratus*, le *Hamites intermedius*, le *Rostellaria Parkinsonii*, le *Cassis avellana*, le *Pectunculus sublœvis*, les *Chama digitata, canaliculata, haliotidea, conica* et *plicata*, la *Trigonia alœformis*, la *Cucullea glabra*, le *Pecten quinquecostatus*, les *Ostrea semiplana* et *macroptera*, la *Lutraria angustata*.

87. Ce système sableux passe dans sa partie supérieure à une marne bleuâtre qui passe de son côté, à une *smectite* exploitée dans plusieurs localités pour être

---

(*) *Mémoire de la société géologique de France*, III, 261.

(**) J'emploie le nom de *chlorite* dans le sens étendu et vague que je lui ai conservé dans ma méthode minéralogique (*Introduction à la géologie*, p. 514), c'est-à-dire, comme comprenant, outre la *chlorite proprement dite* des minéralogistes actuels, les diverses autres *terres vertes* que l'on trouve fréquemment dans un grand nombre de terrains.

employée, comme terre à foulon, dans les fabriques
de Verviers. Le fossile le plus remarquable de ce système est un corps en forme de baguette contournée,
que l'on a rapporté à des fucoïdes ou à des annélides.
M. Dumont y a aussi observé l'*Ammonites buchii*, un
nautile et une bucarde.

88. La smectite se lie à une *argilite* grisâtre, renfermant des grains de chlorite et passant à la craie
chloritée dans sa partie supérieure (*). Les fossiles que
M. Dumont a observés dans ce système, aux environs
de Sinnich, sont le *Belemnites quadratus*, un nautile,
le *Pleurotomaria fusiformis*, le *Rostellaria Parkinsonii*,
un autre rostellaire, une volute, le *Trochus concavus*,
une turritelle, une tornatelle, des huîtres, notamment
l'*O. macroptera* et l'*O. solitaria*? Les *Pecten quinquecostatus* et *carinatus*? L'*Inoceramus latus*, la *Gervillia
solenoidea*, la *Cucullea glabra*, la *Chama conica*, une
isocarde, une bucarde, la *Crassatella sulcata*, la *Cytherea leonina*, la *Venus lentiformis*, la *Panopea plicata*.

89. La craie blanche, quelquefois chloritée dans le
bas, s'étend sur la plus grande partie du massif crétacé ;
elle est communément friable et généralement exploitée pour l'amendement des terres, on la prépare aussi
pour servir de couleur blanche. Elle contient, surtout

Argilite
de Sinnich.

Craie
blanche.

(*) Le nom d'argilite ne figure point dans le tableau des roches de M. Brongniart ni dans ceux que j'ai publiés jusqu'à présent ; ce qui m'obligeait de ranger avec les schistes les roches de nature argileuse, non schistoïdes, qui ne se
délaient pas dans l'eau, manière de voir contraire à l'usage, qui considère la texture schistoïde comme un caractère essentiel des schistes. Je me suis en conséquence décidé à admettre, pour ces roches, l'espèce *argilite*, qui figure dans la
classification de M. Cordier.

dans sa partie supérieure, des rognons de silex, souvent
noirs, quelquefois gris. M. Dumont y a observé : le *Belemnites mucronatus*, un rostellaire, une patelle, les
Terebratula carnea, *elongata* et *nucleata*, des huîtres
(*O. globosa*, etc.), le *Spatangus cortestudinarium*, les
Ananchites ovatus et *conoideus*, un cidarite, la *Gorgonia bacillaris*.

Tuffeau
de Maestricht. 90. La craie est recouverte dans certaines localités
par du *tuffeau*, c'est-à-dire par un calcaire à grain un
peu plus grossier et de couleur ordinairement jaunâtre :
ce dépôt est notamment très-développé aux environs
de Maestricht, où l'on y a creusé d'immenses carrières,
semblables à des villes souterraines. La pierre que l'on
y extrait est généralement friable et susceptible de s'al-
térer à l'air ; mais la facilité avec laquelle on peut l'ex-
ploiter, les débouchés que la Meuse lui procure vers
un pays dépourvu de pierres, ainsi que la propriété
qu'ont les couches les plus friables d'être très-favora-
bles pour l'amendement des terres sablonneuses et argileuses, ont donné un grand développement à l'exploitation. Du reste cette roche passe quelquefois à
l'état arénacé et d'autres fois, mais plus rarement, elle
devient assez cohérente pour donner de bons matériaux
de construction. Elle renferme des silex qui sont très-
abondants dans la partie inférieure, où ils forment des
rognons, des blocs et quelquefois de petits bancs de
couleur plus ou moins foncée, mais ils deviennent
rares dans la partie supérieure, où ils ont une couleur
claire.

Le dépôt de Maestricht est célèbre depuis longtemps

par ses fossiles , et une tête gigantesque que l'on y a
découverte en 1770 , époque ou l'état de l'anatomie
comparée ne permettait pas encore de faire des déter-
minations précises, a été le sujet de longues discussions
parmi les naturalistes. On a reconnu depuis qu'elle
provenait d'un énorme saurien, actuellement perdu ,
que l'on a nommé *Mosasaurus Hofmanni*. Il serait beaucoup trop long de donner ici la liste de ces fossiles ,
parmi lesquels figurent une tortue et une immense
quantité de polypiers. Nous dirons seulement qu'ils se
distinguent sensiblement de ceux des autres systèmes
crétacés, et que M. Fitton rapporte (*) que sur cin-
quante espèces qu'il a recueillies à Maestricht, il y en a
quarante qui ne se trouvent pas dans la liste donnée
par M. Mantell des fossiles de la craie de Sussex (**).

91. On voit dans le tuffeau de Maestricht beaucoup
de cavités cylindriques ou puits naturels qui se prolongent très-avant dans le massif, ou même qui le traversent entièrement, et qui sont ordinairement remplies
de matières meubles semblables à celles qui recouvrent
le tuffeau. Ces cavités, que l'on a décorées du nom d'*or-
gues géologiques,* se retrouvent dans presque tous les
dépôts calcaires , mais celles qui traversent des roches
plus cohérentes et disposées moins favorablement pour
l'infiltration des eaux , ne sont pas aussi bien prononcées ni aussi régulières que celles de Maestricht.

(*) *Proceedings of the geological society of London,* 18 décembre 1829.

(**) On a cité divers ossements de mammifères , notamment de cheval et de
cochon , comme trouvés dans le tuffeau de Maestricht. Mais cette indication est
le résultat d'une fraude des carriers , qui introduisaient des os modernes dans des
fragments de tuffeau, et les y fixaient avec de la gomme.

92. Le tuffeau se prolonge à l'E. de cette ville jusqu'au delà de Fauquemont, où il est encore très-développé. Du côté de l'O. il se perd également sous les dépôts tertiaires, et paraît être interrompu de Waremme à Folx-les-Caves, localité située à l'extrémité occidentale du massif crétacé, où il y a aussi des carrières considérables creusées dans un tuffeau dont la partie supérieure est composée d'une masse friable ou meuble enveloppant des rognons ou des blocs de même nature, mais assez tenaces. Au-dessous de cette dernière assise, le tuffeau renferme des bancs minces d'une roche quarzeuse, intermédiaire entre le grès et le silex corné, que l'on exploite pour faire des pavés et des dalles.

Lambeau
crétacé de Grez. 93. On trouve aussi du terrain crétacé à Grez au nord de Wavre en Brabant, où l'on exploite de la craie pour faire de la chaux. Il paraît que ce dépôt, qui repose immédiatement sur le terrain ardoisier, ne forme qu'un petit lambeau entièrement isolé du massif que nous venons d'indiquer.

Dépôt crétacé
du Hainaut. 94. Le *terrain crétacé* de l'O. ne s'étend que sur une très-petite portion *du Hainaut* belge. Il appartient au grand massif du bassin de Paris, qui se prolonge jusqu'à Tournay, et dont il se détache, vers le confluent de la Haine avec l'Escaut, un appendice en forme de golfe qui s'avance jusqu'au delà de Binche. Il repose principalement sur le terrain houiller, quelquefois sur le terrain anthraxifère, et il est ordinairement recouvert par des dépôts tertiaires.

Ces dépôts crétacés, que les mineurs du Hainaut nomment *morts terrains*, parce qu'ils n'y rencontrent jamais de houille, sont principalement composés de craie accompagnée de marne, de gompholite, de sable et de tuffeau.

95. La marne forme avec le gompholite et les sables la partie la plus inférieure; elle y est ordinairement d'un blanc grisâtre ou jaunâtre, quelquefois gris bleuâtre, renfermant souvent des grains de chlorite inégalement répandus, et de petits cailloux de nature quarzeuse; elle passe de cette manière au gompholite nommé *tourtia* par les mineurs, et qui est une roche poudingiforme composée de cailloux arrondis, de nature quarzeuse, ordinairement bruns à l'intérieur, jaunâtres à l'extérieur, accompagnés de fragments de coquilles et empâtés dans un mélange de calcaire, d'argile, de sable, de limonite, de chlorite, etc. Quand cette roche existe, elle forme toujours la partie inférieure et repose immédiatement sur le terrain houiller. D'autres fois la marne passe au sable chlorité. M. d'Archiac a observé dans ce système des dents de sauriens et de poissons, des coprolites, les *Serpula amphisbæna* et *sexangularis*, des ammonites, la *Nucula pectinata*, la *Thecidea digitata*, des catilles, le *Spondylus spinosus*, l'*Exogyra haliotidea*, le *Pecten quinquecostatus*, les *Ostrea lateralis*, *hippopodium*, *prionata* et *carinata*, les *Terebratula biplicata*, *pisum*, *mantelliana*, *rigida* et *carnea*, les *Galerites rotularis* et *subrotundatus*, le *Cidarites vesiculosus*, l'*Eschara dichotoma*, la *Textularia scalpelliformis*, la *Frondicularia scutiformis*, le *Lithodendrum gibbosum*, d'où il le rapporte à l'étage supérieur du terrain crétacé (*).

(*) *Mémoires de la société géologique de France*, III, 261.

96. La craie se trouve ordinairement au-dessus des marnes, mais repose quelquefois immédiatement sur les terrains primordiaux. On l'emploie à l'amendement des terres, soit après l'avoir calcinée, soit dans son état naturel, lorsqu'elle est suffisamment friable, ce qui n'arrive pas aussi communément qu'en Hesbaye. Les parties les plus cohérentes servent quelquefois de pierre à bâtir.

97. A Ciply près de Mons, on voit au-dessus de la craie un dépôt épais de tuffeau qui ressemble à celui de Maestricht et qui renferme de même une immense quantité de fossiles qui appartiennent en général à des espèces analogues. Il est assez remarquable que ce dépôt, resserré dans un très-petit espace, soit le seul de ce système qui, jusqu'à présent, ait été observé dans le grand massif crétacé du bassin de Paris.

═══

SECTION VIIIe.

TERRAINS TERTIAIRES.

Caractères
généraux.

98. Bruxelles est, comme Paris et Londres, au milieu d'un grand massif tertiaire qui ressemble beaucoup plus à celui de Londres qu'à celui de Paris; aussi, quand on jette les yeux sur une carte géognostique, voit-on que les bassins de Londres et de Bruxelles forment, pour ainsi dire, un même ensemble coupé par le bras de mer qui sépare l'Angleterre du continent, et

que cet ensemble n'est lui-même que l'extrémité occidentale du vaste massif tertiaire qui recouvre une grande
partie de l'immense plaine du milieu de l'Europe.

Ce dépôt s'étend sur presque toute la partie de la
Belgique située au nord-ouest de la Sambre et de la
Meuse, il pousse même quelques lambeaux sur les rives
droites de ces deux cours d'eau. Nous avons déjà indiqué ci-dessus que ces contrées présentent en général un
sol uni et assez bas; on peut même dire qu'il n'existe
pas de véritables collines au nord d'une ligne passant
dans les environs de Cassel, d'Audenarde, d'Alost et de
Diest. Le terrain tertiaire ne paraît pas y être très-
épais; car dans la partie méridionale du massif, la seule
où le sol soit sillonné par des vallons bien prononcés,
on voit non-seulement paraître le terrain crétacé dans
le fond des vallons, mais même les terrains primordiaux,
sur lesquels les dépôts tertiaires reposent souvent sans
intermédiaire, et d'ailleurs sans aucune liaison. Ces
dépôts sont principalement composés de sables et de
limon, mais ils renferment aussi des grès, des calcaires,
des marnes, des argiles, des argilites, des psammites,
des macignos, des silex, du lignite, de la limonite, etc.

Ces roches forment plusieurs systèmes dont il est
très-difficile de déterminer la position relative, parce
qu'ils sont souvent placés d'une manière indépendante
les uns des autres, que plusieurs d'entre eux sont privés
de fossiles, que les mêmes matières se répètent plusieurs
fois, et enfin parce que les superpositions sont presque
toujours cachées par le développement de la culture,
et à cause de l'état meuble d'une grande partie de ces

roches ; aussi a-t-il régné pendant longtemps beaucoup d'incertitude sur la classification de ces dépôts, et, malgré les belles recherches que M. d'Archiac, d'un côté (*), et M. Dumont, d'un autre (**), ont publiées en 1839, il y a encore quelques rapports qui ne sont pas déterminés d'une manière exempte de contestation. Cependant ces deux géologues sont également d'avis que tous ces dépôts appartiennent aux terrains tertiaires inférieur et supérieur, et que le terrain tertiaire moyen manque en Belgique.

Nous allons passer successivement en revue les divers systèmes dont ils se composent, en suivant, autant que le permet l'état actuel de nos connaissances, l'ordre des superpositions de bas en haut.

Étage inférieur.
—
Tuffeau
de Lincent.

99. Le système le plus inférieur qui est surtout développé dans les cantons de Landen, Jodoigne, Tirlemont et Saint-Trond, est principalement composé d'argilite dont les couleurs ordinaires sont le jaunâtre, le blanchâtre, le grisâtre et le verdâtre. Cette roche est souvent mélangée de chlorite, de calcaire et de quarz ; elle passe au tuffeau, au grès, etc., les uns et

(*) *Bulletin de la société géologique de France*, X, 168. L'auteur y divise les dépôts tertiaires qui existent dans les royaumes de France, de Belgique et d'Angleterre, en huit groupes tertiaires subdivisés en 24 étages, auxquels il ajoute deux étages de *diluvium*. Il répartit les dépôts de la Belgique dans les 1er, 2me, 5me et 8me groupes tertiaires et dans le *diluvium*.

(**) *Bulletin de l'académie de Bruxelles*, VI, 464. L'auteur y range les dépôts tertiaires de la Belgique dans six divisions, qu'il nomme : *systèmes Landénien, Bruxellien, Tongrien, Diestien, Campinien* et *Hesbayen*, d'après les lieux où ces divisions sont respectivement les mieux prononcées. Les quatre premières appartiennent à l'étage tertiaire moyen et les deux dernières à l'étage tertiaire supérieur.

les autres fréquemment chlorités (*). Ce système repose quelquefois immédiatement sur le tuffeau de Maestricht ou sur la craie, mais à Folx-les-Caves il en est séparé par un lit de cailloux roulés de silex noirs. Le *tuffeau* de ce système est ordinairement de couleur jaunâtre; on l'exploite à *Lincent* canton de Landen, comme pierre de construction, mais sa friabilité et son altérabilité à l'air le rendent peu propre à cet usage. On le recherche pour faire des fours à cause de la manière dont il resiste au feu, propriété qu'il doit, sans doute, à sa texture poreuse et aux matières étrangères qui s'y trouvent ordinairement associées avec le carbonate calcique. M. Galeotti y a reconnu (**) les fossiles dont les noms suivent :

Nummulina lævigata.	*Ostrea plicatella.*
Cassidaria carinata.	» *flabellula.*
Voluta.	*Pecten.*
Turritella?	*Pectunculus granulatoides.*
Melania marginata.	*Nucula margaritacea.*
Natica.	*Pinna margaritacea?*
Bulla.	*Venericardia elegans.*
Dentalium Deshayesianum.	*Cardium porulosum.*

(*) Ce système correspond au 1er étage du 1er groupe ou *glauconie inférieure* de M. d'Archiac, et à la *marne landénienne* de M. Dumont. Je continue à le désigner par le nom de *Tuffeau de Lincent*, parce que cette roche est la seule qui, de ma connaissance, soit employée à un usage industriel, et aussi pour ne pas changer une nomenclature que j'avais adoptée lorsque je croyais le tuffeau plus abondant qu'il n'est réellement ; car la plupart des argilites de ce système ressemblent tellement, par leurs caractères extérieurs, au tuffeau employé comme pierre à bâtir, que j'avais seul essayé dans les acides, que l'idée ne m'était pas venue de les soumettre à cette épreuve ; ce n'est que d'après les observations de M. Dumont que j'ai reconnu leur véritable nature.

(**) *Mémoire sur la constitution géognostique de la province du Brabant,* tome XII des *Mémoires couronnés par l'Académie royale de Bruxelles,* p. 82.

Lucina divaricata.	*Spatangus.*
» *hiatelloides.*	*Turbinolia sulcata.*
Mactra?	*Lunulites radiata.*
Cytherea nitidula.	*Orbitolites complanata.*
» *tellinaria.*	*Alcyonium.*

Argile
d'Hautrage.

100. Le tuffeau et l'argilite sont, comme nous l'avons déjà indiqué, souvent accompagnés d'argile ordinairement grisâtre, quelquefois brunâtre, jaunâtre ou noirâtre et renfermant parfois des nids ou des lits de lignite. Ce système étant plus développé que le précédent, est fréquemment en contact avec les terrains inférieurs, et s'étend dans la Flandre et dans le Hainaut, où il forme soit de petites éminences uniquement composées d'argile, soit la base de collines plus élevées, couronnées par des dépôts postérieurs. Nous croyons pouvoir rapporter à ce système le gîte important d'*argile d'Hautrage* à l'O. de Mons, que l'on exploite pour faire des poteries fines (*).

Grès
de Grandglise.

101. Ces argiles passent dans leur partie supérieure à des sables souvent argileux, quelquefois chlorités et micacés, rarement calcarifères, dans lesquels se trouvent des bancs de grès, de macigno, de psammite, d'argilite, souvent chlorités. Ce système renferme dans certaines localités une immense qualité de *Nummulites planulata* libres ou conglomérées. Nous croyons que l'on peut y rapporter un puissant dépôt de sable et de *grès* qui forme aux environs de Mons une chaîne de collines dirigées de l'O. à l'E., quoique ce dépôt soit

(*) Voir la note suivante.

principalement composé de sable blanc et de grès de
même couleur, ces matières prennent quelquefois d'autres nuances, et l'on exploite, comme pierre de taille,
dans les importantes carrières *de Grandglise,* un grès
fortement bigarré de blanchâtre, de jaunâtre et de
brunâtre. On voit aussi dans cette localité la même
assise passer successivement de l'état de sable à ceux
de grès friable, de grès schistoïde, de grès à carreaux
et enfin à une roche exploitée pour faire des pavés, qui
est aussi tenace et qui a le grain aussi fin que le quarzite (*).

102. Il existe dans ces mêmes collines des dépôts de
silex dont les rapports ne sont pas très-bien déterminés. Les uns, tels que ceux qui se trouvent au nord de
Ghlin près de Mons, appartiennent probablement au
terrain crétacé sur lequel ils reposent immédiatement ;
ils forment des rognons et même de gros blocs enveloppés dans un peu de marne ; ils ont à l'extérieur une
couleur blanchâtre, mais ils sont bruns dans l'intérieur et ressemblent aux silex de la craie. D'autres, tels
que ceux que l'on a exploités pour faire des pavés à
St-Denis, un peu plus à l'est, ont le même gisement
que ceux de Ghlin, mais leurs caractères minéralogiques
les rapprochent de certains grès de Grandglise. Ils sont
ordinairement d'un blanc jaunâtre, quelquefois rougeâtres à l'extérieur, présentent souvent une certaine

Silex
de Binche.

(*) M. Dumont n'a pas cité les gîtes d'Hautrage et de Grandglise dans l'exposé
de sa division des terrains tertiaires, et j'ai cru devoir suivre l'opinion de M. d'Archiac, qui leur assigne une position qui coïncide avec celle des glaises et des
sables landéniens du premier de ces géologues.

tendance à passer au grès, et renferment fréquemment des géodes tapissées de cristaux de quarz. Au mont Panisel tout près de Mons, les silex forment des bancs minces, intercalés dans un psammite chlorité, passant à l'argilite, et remarquable par la quantité de *Pinna margaritacea* et d'autres fossiles tertiaires qu'il renferme. Les silex sont encore plus abondants aux environs de *Binche,* et quoiqu'ils y présentent aussi quelques-uns des caractères minéralogiques des silex de la craie, notamment la couleur brune, il ne paraît pas douteux qu'ils appartiennent au terrain tertiaire, de même que ceux du mont Panisel. Ils sont en fragments enfouis dans de l'argile quelquefois d'une manière extrêmement confuse, et formant, d'autres fois, des lits horizontaux très-réguliers, qui parfois sont accompagnés de lits de sable.

Sables à grès fistuleux.

103. Un dépôt qui est, entre autres, assez développé sur les plateaux du midi du Brabant et du nord du Hainaut, se compose de *sables* caractérisés par la présence de rognons ou de blocs de *grès,* qui ont une tendance particulière à prendre des formes allongées, irrégulières et *fistuleuses,* dont on est souvent tenté d'attribuer l'origine à la présence d'un fragment de tige de végétal, autour duquel le sable se serait agglutiné : car ces rognons se ramifient quelquefois, et quand on les brise, on voit ordinairement dans leur intérieur un tuyau qui est ou vide ou rempli par un noyau de même forme, qui se détache de la masse, comme s'il représentait la tige d'un végétal qui aurait été remplacée par la matière pierreuse postérieurement à la formation de l'enveloppe : mais il est à remarquer, qu'excepté cette

tendance à la forme rameuse, on ne voit dans ces rognons aucune trace d'organisation végétale. Ces grès,
surtout ceux qui ont la forme de blocs plutôt que celle
de rognons fistuleux, ont aussi une grande tendance à
prendre une texture compacte et à passer au silex, d'où
M. Dumont les nomme *grès lustrés;* et l'on voit souvent
des blocs, qui ne présentent à l'extérieur qu'un sable
faiblement agglutiné, passer insensiblement à un silex
corné qui forme leur intérieur (*).

104. Les sables à grès fistuleux sont suivis par un
autre système sableux qui est caractérisé par la présence
du *calcaire* et qui est principalement développé aux
environs *de Bruxelles.* Ce calcaire est tantôt meuble,
tantôt cohérent; dans ce dernier cas il forme plus souvent des blocs et des rognons dans les parties meubles
que des couches réglées; celles-ci sont d'ailleurs communément minces et d'une étendue peu considérable.
Ce calcaire est presque toujours mélangé de sable et
passe au grès calcarifère. Il est ordinairement d'une
couleur jaunâtre, passant au blanchâtre et au grisâtre;
sa texture, fréquemment grossière, devient quelquefois grenue à grain fin et même compacte. Sa cohérence est aussi très-variable, l'extérieur des blocs étant
ordinairement friable et l'intérieur tenace. On en fait
de bonnes pierres de taille, mais toujours très-minces à
cause du peu d'épaisseur des masses. Il sert aussi à

Calcaire
de Bruxelles.

(*) Ce système appartient au 4e étage du 1er groupe de M. d'Archiac. et forme
le 1er étage du système Bruxellien de M. Dumont, tandis que le calcaire de
Bruxelles appartient au second groupe de M. d'Archiac, et forme le second étage
Bruxellien de M. Dumont.

6

faire de la chaux, mais de mauvaise qualité; les parties meubles ou friables sont employées à l'amendement des terres.

Ce dépôt est très-riche en fossiles, et M. Galeotti y a déterminé près de 190 espèces, dont environ 160 se retrouvent dans le bassin de Paris, tandis que 17 à 18 n'ont point encore été observées ailleurs, et que 6 à 7 seulement ont leurs analogues vivants. Dans le nombre de ces fossiles figurent des débris de tortues (*Emis Cuvieri*), des poissons (*Pristis Lathami, Squalus auriculatus, Lamna cornubica*, etc.), des crustacés (*Cancer Burtini*) et un grand nombre de coquilles et de polypiers, dont les plus caractéristiques, tant par leur abondance que par la variété des localités où ils se trouvent, sont, d'après M. Galeotti :

Nautilus Burtini.	*Pecten plebeius.*
Operculina Orbignii.	» *solea.*
Nummulina lævigata.	*Pectunculus granulatoides.*
» *variolaria.*	» *Nystii.*
Quinqueloculina saxorum.	*Crassatella trigonata.*
Melania marginata.	*Nucula margaritacea.*
Turritella granulosa.	*Pinna margaritacea.*
» *imbricatoria.*	*Cardium porulosum.*
Solarium Nystii.	*Lucina divaricata.*
Cassidaria carinata.	*Mactra semisulcata.*
Rostellaria fissurella.	*Corbula pisum.*
Voluta Spinosa.	*Teredo navalis.*
Calyptræa trochiformis.	*Turbinolia sulcata.*
Dentalium incrassatum.	*Lunulites radiata.*
Terebratula trilobata.	» *urceolata.*
Anomia striata.	*Orbitolites complanata.*
Ostrea plicatella.	*Alcyonium* (*).
» *flabellula.*	

(*) M. Morren a aussi annoncé (*Messager des sciences* de 1828) l'existence, dans le calcaire grossier de Bruxelles, d'ossements de blaireaux, de ruminants

105. Ce système est représenté dans la Flandre, notamment à Aeltre ainsi que dans les collines de Bailleul et de Cassel, par des lits presqu'entièrement composés de débris de coquilles mélangées d'un peu de sable.

106. A Groenendael au sud de Bruxelles, le sable est fortement imprégné d'hydrate ferrique et passe au grès ferrugineux et même à la limonite, qui a déjà été exploitée comme minerai de fer, de sorte que ce dépôt ressemble, par ses caractères minéralogiques, au sable à grès ferrugineux de Diest, dont nous parlerons ci-après, mais il renferme les mêmes fossiles que le calcaire de Bruxelles.

107. De nombreuses exploitations de *marne argi-* *leuse* sont ouvertes à *Boom,* Rupelmonde et autres lieux voisins du confluent du Rupel avec l'Escaut, et alimentent une immense fabrication de briques, de tuiles et de carreaux. Cette marne ne contient qu'une très-faible quantité de calcaire; elle est de couleur grisâtre ou noirâtre; on n'y aperçoit pas de véritable stratification, mais sa disposition horizontale est annoncée par de gros rognons ou des blocs aplatis de calcaire argileux gris, semblables à ce que les géologues anglais nomment *septaria.* On l'exploite le long de la berge qui sépare la plaine du petit enfoncement où coulent les cours d'eau. Elle y est recouverte d'une assise peu épaisse de sable de Campine, dont nous parlerons ci-après, et l'on n'a pas encore pénétré en dessous de

Marne argileuse de Boom.

de sauriens, d'ophidiens et de crapauds, mais cette observation n'ayant plus été renouvelée depuis lors, j'ai cru devoir me borner à en faire mention dans cette note.

l'assise de marne, de sorte que la position de celle-ci n'est pas déterminée par une observation directe ; mais les rapports de ses fossiles avec ceux de l'argile sableuse de Tongres, dont la superposition au-dessus du calcaire de Bruxelles est bien constatée, font supposer qu'elle est dans le même cas. Ceux de ces fossiles qui ont déjà été déterminés par M. Nyst (*) et par M. de Koninck (**) sont au nombre de plus de 40 espèces, parmi lesquelles nous citerons les suivantes :

Murex Deshayesii.	*Pleurotoma Selysii.*
Triton flandricum.	*Rostellaria Margerini.*
Fusus porrectus.	*Dentalium acuticostata.*
» *lineatus.*	*Nucula Duchastelii.*
Pleurotoma colon.	» *deshayesiana.*
» *exorta.*	*Venericardia orbicularis.*
» *acuminata.*	*Astarte Kickxii.*

Argile sableuse
de Tongres.

108. Ainsi que nous venons de l'indiquer, on voit souvent au-dessus du calcaire de Bruxelles ou des sables à grès fistuleux, des dépôts d'une *argile sableuse*, fréquemment bigarrée de jaunâtre et de grisâtre, passant dans sa partie inférieure à du sable verdâtre, et dans sa partie supérieure à du sable jaunâtre (***) ; cette argile dont on trouve des lambeaux sur toute la largeur de la Belgique, depuis Cassel jusqu'à Maestricht, est souvent

(*) *Recherches sur les coquilles fossiles de la province d'Anvers*, vol. in-8°. *Nouvelles recherches* sur le même sujet, *Bulletin de l'académie de Bruxelles*, tome VI, 2ᵉ partie, p. 393.

(**) *Description des coquilles fossiles de l'argile de Basele, Boom, Schelle, etc.*, par L. de Koninck, t. XI des *Mémoires de l'académie de Bruxelles*.

(***) Ce dépôt, ainsi que la marne argileuse de Boom, appartient au *système tongrien* de M. Dumont, au 3ᵉ groupe de M. d'Archiac, et correspond au *London clay* des Anglais.

exploitée pour faire des briques et des tuiles; on y trouve quelquefois, notamment aux environs de Tirlemont, des pyrites, du lignite et du succin. Ce système est souvent dépourvu de fossiles, mais d'autres fois il en renferme une grande quantité, et M. Nyst (*) a déterminé dans les environs *de Tongres* plus de cent espèces de coquilles, parmi lesquelles nous citerons les suivantes, qui font partie de celles trouvées à Kleyn-Spauwen, gisement qui avait déjà attiré l'attention de De Luc, dans le siècle dernier, savoir :

Pleurotoma clavicularis.	*Trigonocælia aurita.*
Cerithium Galeotti.	*Cardium tenuisulcatum.*
Buccinum desertum.	*Venericardia chamæformis*
Voluta depressa.	*Cyprina Westendorpii.*
Paludina Duchastelli.	» *incrassata.*
» *conulus.*	*Cyrena semistriata.*
Melania inflata.	*Astarte henckelusiana.*
» *Nystii.*	*Cytharea lævigata.*
Natica glaucinoïdes.	» *Kickxii.*
Dentalium grande.	*Corbula pisum.*
Pecten Hæninghausii.	» *triangula.*
Pectunculus glycimeris.	» *donaciformis.*

109. L'argile sableuse dont nous venons de parler se lie, dans sa partie supérieure, à un autre dépôt de sables renfermant des *grès ferrugineux*, et qui est principalement développé aux environs de Diest. Ce système commence par des cailloux roulés de silex ordinairement peu abondants dans un même lieu, mais qui s'étendent sur une surface beaucoup plus considérable

(*) *Recherches sur les coquilles fossiles de Housselt et de Kleyn-Spauwen*, par H. Nyst. Gand, 1836.

que les sables à grès ferrugineux (*). Ces grès sont ordinairement d'un brun rougeâtre et deviennent quelquefois si ferrugineux, surtout ceux qui sont en plaques
minces, qu'ils ressemblent alors à des morceaux de fonte
de fer, et qu'ils sont exploités comme minerai. Ils passent au poudingue, c'est-à-dire qu'ils renferment parfois des noyaux de silex qui, comme les cailloux épars
dans le sable, sont fréquemment altérés à l'extérieur et
ressemblent intérieurement aux silex de la craie. Les
sables de ce système ont souvent une couleur jaune
brunâtre, produite, ainsi que celle des grès, par l'hydrate ferrique; d'autres fois ils sont d'un vert sombre,
résultant de la présence de gros grains de chlorite. Ces
deux variétés sont fréquemment disposées de manière
à présenter des bigarrures en grand, et l'on voit le
sable vert composer des lits courts ou des amas en forme
d'amandes au milieu du sable brunâtre.

(*) M. Dumont place ce dépôt de cailloux dans son *Système Tongrien*, qui
comprend, en outre, comme on l'a vu ci-dessus, les marnes argileuses de Boom
et les argiles sableuses de Tongres. Mais il me semble qu'ils doivent plutôt être
rangés avec les sables de Diest ou *Système Diestien* de M. Dumont. D'abord,
parce qu'il est plus conforme à l'usage de placer des cailloux au commencement
qu'à la fin d'un dépôt, ce qui d'ailleurs, est plus en rapport avec les idées
théoriques, puisque le mouvement qui a transporté et arrondi des cailloux doit
être considéré comme le commencement d'une nouvelle période plutôt que
comme la fin de la période précédente, d'autant plus que, si, par suite d'une
cause quelconque, les eaux transportent des matières solides, les fragments les
plus pesants doivent se précipiter les premiers, et par conséquent les cailloux
avant les sables. D'un autre côté, pour le cas particulier dont il s'agit, il est à remarquer que l'on voit souvent des cailloux analogues à ceux qui nous occupent,
non-seulement dans le sable de Diest, mais aussi dans les grès ferrugineux qui lui
sont subordonnés. Du reste, ce système appartient au 3ᵉ groupe de M. d'Archiac,
et correspond au *Bagshot sand* des Anglais.

Les fossiles sont très-rares dans ce système ; il est possible même que ceux que l'on a remarqués dans quelques localités, et qui sont en général très-mal conservés, appartiennent plutôt à d'autres systèmes.

Ce dépôt recouvre ordinairement la partie supérieure des collines qui s'étendent de Cassel au delà de Diest ; mais dans la partie occidentale, il ne forme que des couronnements assez minces. Il devient plus épais entre Louvain et Diest, et s'enfonce au delà de cette ville pour se perdre, aux environs de Beringen, sous le *sable de Campine.*

110. Ce dernier, que nous considérons comme formant la première assise de l'*étage supérieur*, est ordinairement blanchâtre, quelquefois jaunâtre, brunâtre, noirâtre ou verdâtre. Il recouvre presque toute la Campine ainsi qu'une grande partie de la Flandre. Il est très-mobile et tend à envahir les champs cultivés lorsque de la tourbe, du limon superficiel ou les travaux de l'homme ne l'ont point fixé. En Campine, où il est assez pur, il détermine l'existence d'une contrée stérile. En Flandre, où il est quelquefois mélangé de limon et où les habitants ont été plus à même de l'amender, la contrée est devenue généralement fertile.

111. On ne trouve pas de fossiles dans le sable de Campine proprement dit, mais il y a près d'Anvers un dépôt sableux qui en contient une telle quantité, que M. Nyst (*) y a reconnu plus de deux cents espèces de

(*) *Recherches sur les coquilles fossiles de la province d'Anvers*, 1835. — *Supplément* à ces recherches dans le *Bulletin de l'académie de Bruxelles*, VI, 2ᵉ partie, 505.

coquilles qui ont le plus grand rapport avec celles du *crag* de Suffolk, et présentant de même plusieurs espèces vivant actuellement dans les mers voisines.

112. Au-dessus de tous les terrains dont nous nous sommes occupé jusqu'à présent, s'étend un nouveau dépôt de *cailloux* qui diffèrent de ceux que nous avons indiqués en dessous des sables de Diest et du tuffeau de Lincent, parce qu'ils sont principalement composés de roches quarzeuses analogues à celles *de l'Ardenne*. Ce dépôt ne paraît pas toutefois s'étendre sur la partie occidentale de la Belgique, et il est en général fort mince sur les plateaux, mais il est quelquefois très-épais sur les flancs ou dans le fond de la vallée de la Meuse ainsi que des autres vallées, où coulent des cours d'eau venant de l'Ardenne. Ces cailloux, parmi lesquels il y a quelquefois des blocs considérables, sont généralement accompagnés de gravier, de sable et de terres, qui varient selon les lieux. On y trouve souvent des ossements de mammifères, notamment de mammouth (*Elephas primigenius*), de rhinocéros, d'ours, etc.

113. Ces cailloux sont à leur tour recouverts, dans certains lieux, par un puissant dépôt de *limon* qui s'étend sur toute la Hesbaye, ainsi que sur une grande partie du Brabant, du Hainaut, de la Flandre, et se prolonge, d'un côté, jusqu'au delà de la Seine, et de l'autre, jusqu'au delà du Rhin (*). Il a quelquefois une épaisseur de plus de dix mètres, mais d'autres fois il

---

(*) Les cailloux et le limon décrits ci-dessus forment le *Système Hesbayen* de M. Dumont et le *diluvium* de M. d'Archiac. Je crois que l'on peut les rapporter au *lœss* et au *lehm* du Rhin.

ne forme qu'une assise très-mince. On n'y aperçoit en général aucune stratification. Il est principalement composé d'un limon bien prononcé, c'est-à-dire d'une matière argileuse, douce au toucher, ne faisant point une pâte collante avec l'eau et extrêmement favorable pour l'agriculture. Dans certaines localités il se mêle avec les sables, les argiles et les cailloux qui lui sont inférieurs. On peut dire cependant que son uniformité, sur toute son épaisseur, est en général un moyen de distinguer le véritable limon d'autres dépôts, que les amendements de l'agriculteur ont rendu plus ou moins ressemblant à ce limon, parce que dès que l'on s'enfonce dans les terres végétales de cette catégorie, on voit qu'elles passent insensiblement à des matières différentes. Le limon, de même que le sable de Campine, ne s'élève pas à une grande altitude, et on le voit s'appuyer sur divers dépôts qui forment le pied des collines de la chaîne de Cassel à Diest, sans atteindre ordinairement le sommet de ces collines.

Le limon est généralement dépourvu de fossiles. On y a cependant trouvé quelques coquilles terrestres et fluviatiles d'espèces actuellement vivantes sur les lieux ; mais la rareté de ces fossiles et la facilité avec laquelle des coquilles pourraient s'enfoncer dans des fentes accidentelles, doivent rendre très-circonspect pour prononcer d'une manière affirmative que ces coquilles appartiennent bien réellement au limon.

114. Avant de quitter les terrains tertiaires, nous devons dire quelques mots des *ossements des cavernes*, dépôt qui, par la nature de ses fossiles, se rapproche

Ossements des cavernes.

de celui qui renferme les cailloux ardennais. Nous avons indiqué ci-dessus qu'il y a dans le calcaire anthraxifère beaucoup de cavernes; le docteur Schmerling ayant fait exécuter des fouilles dans celles de la province de Liége, y a découvert une immense quantité d'ossements d'espèces diverses, parmi lesquelles dominent des ours. Ces ossements se trouvent, comme ceux des cavernes des autres contrées, enfouis dans du tuf calcaire plus ou moins mélangé de limon et de matières animales, et formant, dans le fond des cavernes, des couches irrégulières peu épaisses, tantôt meubles, tantôt cohérentes, dans lesquelles ces ossements sont accompagnés de coquilles terrestres et fluviatiles, de cailloux roulés de diverses natures et de fragments anguleux, souvent très-volumineux, du calcaire qui sert de mur et de toit aux cavernes. Outre des ossements de presque tous les genres ou espèces de mammifères qui habitent actuellement le pays, y compris quelques ossements humains, des os et des silex taillés de main d'homme, ainsi que quelques restes d'oiseaux, de reptiles et de poissons, Schmerling y a reconnu (*) l'existence d'un grand nombre d'espèces dites diluviennes, notamment les *Ursus giganteus, spelæus, arctoideus, leodiensis, priscus,* des hyènes, des gloutons, de grands félis, le mammouth, des rhinocéros, des hippopotames, etc.

(*) *Recherches sur les ossements des cavernes de la province de Liége,* 1855-1856.

SECTION IXe.

TERRAINS MODERNES.

115. Excepté le terrain madréporique, qui n'existe que dans la zone torride, tous les groupes que nous distinguons dans les terrains modernes se trouvent en Belgique.

Composition générale.

116. Le *terrain alluvien* y est notamment plus développé qu'il ne l'est habituellement, car, outre les dépôts de cette nature qui existent ordinairement dans le voisinage des cours d'eau, il forme le long de la côte de Flandre une large bande qui remonte jusqu'à Anvers et se prolonge dans la Zélande et la Hollande.

Terrain alluvien.

117. Cette bande est principalement recouverte de l'*argile* grisâtre que l'on voit, entre autres, aux environs *d'Ostende,* et dans laquelle on trouve des objets travaillés par la main des hommes lors de la domination romaine. Belpaire a reconnu (*) que cette argile, dont l'épaisseur moyenne est de un à deux mètres, recouvrait une assise de tourbe, et formait dans cette dernière des filons nommés *aardscheen* dans le pays, et qui sont quelquefois plus larges en bas qu'en haut.

Argile d'Ostende.

118. Ce dépôt argileux est séparé de la mer par une chaîne de *dunes,* c'est-à-dire, par une bande étroite de sables fins, formant de petites collines, groupées

Dunes.

(*) *Mémoire sur les changements subis par la côte d'Anvers à Boulogne.* Tome VI des *Mémoires couronnés par l'académie de Bruxelles.*

à la suite les unes des autres et dont le sable est plus ou moins mobile, selon que les hommes ont fait plus ou moins d'efforts pour le fixer au moyen de la végétation.

Cailloux, gravier, sable, limon.

119. Les bords et les lits des cours d'eau présentent aussi des amas de *cailloux roulés*, de *gravier*, de *sable*, d'*argile* et de *limon*, qui doivent être rapportés aux terrains *modernes*, mais qu'il est très-difficile de distinguer de ceux des terrains tertiaires avec lesquels ils se lient intimement. Ces dépôts sont souvent mélangés de matières charbonneuses, telles que de la tourbe, du lignite, du terreau, qui se mêlent surtout avec l'argile et le limon, et qui passent à des matières végétales plus ou moins altérées. On y trouve aussi des coquilles terrestres ou fluviatiles semblables à celles qui vivent maintenant dans le pays, ainsi que des ossements de mammifères et des monuments de l'industrie humaine. On rencontre également, dans ces dépôts, des espèces de blocs ou de rognons formés de fragments agglutinés à la manière des roches conglomérées. Le ciment qui unit ces matières est quelquefois calcaire ou siliceux, mais le plus souvent il est composé d'hydrate ferrique. On a notamment trouvé, lorsque l'on a approfondi le lit de la Sambre, à Namur, des espèces de rognons que l'on aurait pu prendre pour un pséphite bréchiforme, et qui étaient composés de fragments d'ardoises jetés dans la rivière par des couvreurs, et unis par un ciment ferrugineux provenant de l'hydratation d'épingles de fer que l'on voyait encore plus ou moins altérées au milieu des rognons.

120. Indépendamment des matières charbonneuses qui sont mélangées dans les dépôts alluviens, d'autres *dépôts tourbeux*, plus considérables, se trouvent à la surface du sol. Les plus étendus sont dans la Campine, où les marais tourbeux se présentent quelquefois comme de vastes prairies prêtes à engloutir l'imprudent qui voudrait y pénétrer. Les plateaux de l'Ardenne supportent aussi de nombreux dépôts de tourbe. Cette substance est quelquefois recouverte par des dépôts alluviens, et l'on vient de voir que Belpaire a reconnu que l'argile qui se trouve le long de la côte de Flandre repose ordinairement sur une couche de tourbe de un à deux mètres d'épaisseur, laquelle se prolonge quelquefois sous le sable des dunes et même jusque dans le lit de la mer. La tourbe est exploitée dans beaucoup de localités, et employée pour le chauffage des classes pauvres. Ses cendres, surtout celles qui viennent du voisinage de la mer, sont très-recherchées par les cultivateurs, à cause de la manière dont elles favorisent la végétation, principalement celles des fourrages.

121. Le *calcaire tuffacé* est assez fréquent dans les lieux où existe le calcaire anthraxifère, souvent il ne forme que des enduits et des stalactites sur les parois des fissures ou aux plafonds des cavités existantes dans le calcaire anthraxifère; mais d'autres fois il compose de véritables dépôts de tuf, tantôt meuble, tantôt friable, tantôt très-cohérent. Ce dernier est exploité comme pierre de construction et recherché pour les cheminées et les voûtes à cause de sa légèreté, produite par les pores et les vides résultant de sa texture celluleuse. Les

dépôts de tuf se trouvent ordinairement dans des vallons traversés par de petits cours d'eaux. Un des plus importants est celui de Rouillon à l'ouest de Namur, où cette roche forme de petites collines qui barrent, pour ainsi dire, un vallon qui débouche dans la Meuse. On rencontre quelquefois des carrières où les fragments, résultant de la taille des pierres, sont liés par une concrétion calcaire, et sont de cette manière transformés en une brèche moderne.

Terrain détritique. **122.** Nous ne parlerons ici du *terrain détritique* que pour compléter l'énumération de la série des dépôts de la Belgique, car il n'y offre aucune circonstance particulière. Les *terres* que nous appelons *arides*, parce qu'elles ne sont pas encore propres à la végétation, n'y sont, comme ailleurs, que le résultat de la décomposition sur place des roches sur lesquelles elles reposent, ou celui du transport et du mélange de ces matières. Il en est à peu près de même des *terres végétales*, qui sont dans ce pays, comme partout, le résultat du mélange de ces matières avec les débris de la végétation et les engrais amenés par les cultivateurs. Celles qui existent sur le vaste dépôt de limon de Hesbaye se distinguent très-peu de ce dernier. Celles des pays recouverts par le sable de Campine, ne sont ordinairement qu'un sable noirci par les engrais. Celles qui recouvrent le terrain ardoisier de l'Ardenne sont principalement composées de cette terre légère blanchâtre que nous avons dit être le résultat de la décomposition des ardoises; d'autres fois elles sont argileuses et sableuses. Celles qui existent sur le terrain anthraxifère se rapprochent beaucoup du limon, avec cette différence, que celles reposant sur le psammite sont plus sableuses, et que celles reposant sur le calcaire sont plus argileuses, parce qu'elles sont principalement formées avec l'argile brune des filons. Enfin, les *éboulis* n'y sont naturellement composés que des débris des escarpements au pied desquels ils se trouvent.

CHAPITRE III.

CONSIDÉRATIONS GÉOGÉNIQUES.

Formation du terrain ardoisier.

123. Si, maintenant, nous considérons le sol de la Belgique sous le rapport des phénomènes qui s'y sont passés et des époques où ces phénomènes ont eu lieu, nous remarquerons, d'abord, que la formation du terrain ardoisier est évidemment le phénomène le plus ancien dont ce pays nous offre des traces (*); mais l'époque où cette formation a eu lieu, comparativement avec les dépôts d'autres pays, n'est pas encore bien déterminée, ce qui toutefois n'est pas étonnant, parce que ce terrain a éprouvé depuis sa formation des modifications sur la nature et l'étendue desquelles les naturalistes sont encore loin d'être d'accord. En

(*) J'avais annoncé, dans mon travail de 1808, l'antériorité du terrain ardoisier sur le terrain anthraxifère ; depuis lors on avait élevé des doutes à ce sujet en se fondant sur quelques-uns de ces renversements qui ont si souvent lieu dans les terrains en couches inclinées, et je n'avais plus osé me prononcer d'une manière positive dans mon édition de 1828 ; mais les belles observations que M. Dumont a communiquées à l'académie de Bruxelles, en 1850, ont dissipé tous les doutes qui pouvaient être élevés au sujet de l'antériorité du terrain ardoisier sur tous les autres dépôts de la Belgique.

effet, la stratification relevée et bouleversée de ce dépôt annonce qu'il a été violemment agité par les soulèvements auxquels on attribue maintenant le relief de la surface de la terre, et les caractères minéralogiques de ses roches annoncent que celles-ci ont éprouvé, dans leur texture et dans leur nature, de ces modifications que l'on appelle actuellement le métamorphisme des roches.

La grande ressemblance de notre terrain ardoisier de l'Ardenne avec le dépôt du pays de Galles, que MM. Sedgwick et Murchison ont donné comme type de leur terrain cambrien, nous avait porté à considérer ces deux dépôts comme contemporains; mais depuis lors ces célèbres géologues, ayant rangé nos trois étages anthraxifères inférieurs dans leur terrain dévonien, ont été conduits à émettre l'opinion que l'Ardenne pourrait bien appartenir au terrain silurien. Nous n'avons aucun moyen d'appuyer ou d'attaquer ce rapprochement; car non-seulement les caractères paléontologiques de notre terrain ardoisier ne sont pas encore déterminés, mais il paraît même que le terrain cambrien n'est pas beaucoup mieux caractérisé, du moins d'après ce qui est parvenu à notre connaissance. Tout ce qui nous semble maintenant bien établi, c'est que le terrain ardoisier de la Belgique est inférieur au terrain anthraxifère du même pays, et que si le terrain dévonien est réellement une des grandes coupes de la série géognostique, il y a lieu d'y rapporter nos trois étages anthraxifères inférieurs. D'un autre côté, la liaison intime du premier de ces étages avec le terrain

7

ardoisier, semble indiquer qu'il n'y a pas eu d'interruption entre la formation de ces deux groupes. Cependant l'absence du terrain anthraxifère sur les parties centrales du terrain ardoisier, ainsi que quelques différences de stratification observées par M. de Collegno (*) et par M. Dumont (**), portent à croire que le terrain ardoisier avait déjà éprouvé quelques relèvements et était peut-être déjà en partie émergé lors de la formation du terrain anthraxifère; tandis que le rapport qui existe entre la direction générale des couches ardoisières, anthraxifères et houillères, ainsi que le parallélisme de leurs grandes bandes, annoncent que ces trois groupes existaient déjà lorsque le grand plissement de ces dépôts a eu lieu.

Plissement des terrains ardoisier, anthraxifère et houiller.

124. Quant à l'époque de cette révolution, elle est facile à déterminer, car nous avons vu que le terrain crétacé de la Hesbaye et de la Picardie, ainsi que les terrains triasique et jurassique de l'Eifel et de la Lorraine, s'appuient sur les terrains houiller, anthraxifère et ardoisier, non-seulement en stratification discordante, mais en conservant une position à peu près horizontale, de sorte que le plissement de ces terrains doit avoir eu lieu vers la période pénéenne; aussi est-ce à cette période que M. Élie de Beaumont a fixé sa quatrième révolution, qu'il a nommée *système des Pays-Bas et du pays de Galles.*

Éjaculation des porphyres.

125. Cette grande révolution concorde-t-elle avec la sortie de nos culots porphyriques? C'est ce que nous

---

(*) *Bulletin de la société géologique de France*, IX, 261.
(**) *Bulletin de l'académie de Bruxelles*, V. 659.

ne pourrions assurer, mais ce qui nous paraît probable; d'abord parce que ces porphyres ont quelque
ressemblance avec des porphyres quarzifères d'autres
contrées, dont l'éjaculation à l'époque pénéenne est dé-
montrée; ensuite parce que si les porphyres avaient
déjà existé lors de la formation des terrains ardoisier,
anthraxifère et houiller, il semble que l'on devrait en
trouver au moins quelques fragments dans les roches
poudingiformes de ces dépôts, ce qui paraît ne pas
avoir lieu, sauf dans le voisinage immédiat des porphyres; enfin parce que nos terrains postérieurs à
l'époque pénéenne ne sont jamais atteints ou modifiés
par les porphyres.

126. Une seconde question qui se présente c'est de Modification des
terrains ardoi-
sier, anthraxi-
fère et houiller.
savoir si les modifications éprouvées par nos terrains
ardoisier, anthraxifère et houiller sont uniquement
dues aux phénomènes de relèvement, de plissement
et d'éjaculation plutoniques, qui ont eu lieu à l'époque
que nous venons de signaler? Nous croyons, en effet
que c'est à l'éjaculation des porphyres que certaines
roches ardoisières contenant du felspath (20 et 28)
doivent les caractères particuliers qui les distinguent
des masses principales du terrain ardoisier, et si l'on
objectait contre cette opinion que l'on voit souvent en
contact immédiat avec les porphyres, des roches ardoisières qui n'ont point éprouvé cette modification,
nous répondrions que les forces métamorphiques, de
même que les forces électriques, au lieu d'agir uniformément dans l'ordre inverse des distances, mettent
souvent dans leurs actions une espèce de discernement

qui leur fait épargner un corps en contact immédiat pour agir sur d'autres corps placés à des distances plus ou moins éloignées. Mais le terrain ardoisier doit avoir éprouvé des modifications beaucoup plus générales, car il est bien probable que les ardoises et les quarzites, qui en composent la plus grande partie, étaient originairement des argiles et des grès. Or, comme ces roches sont bien plus fortement modifiées que celles qui composent les terrains anthraxifère et houiller, il y a lieu de croire qu'elles ont éprouvé l'action de causes qui n'ont point agi sur ces deux derniers groupes ; mais nous ne croyons pas pouvoir émettre d'opinion sur la nature de ces causes, ni sur l'époque où elles ont exercé leur action. Nous ne prétendons pas non plus que les terrains anthraxifère et houiller n'aient été modifiés que par la grande révolution qui les a relevés et plissés, tout ce que nous disons, c'est qu'il ne paraît pas impossible que cette révolution ait suffi pour leur imprimer ceux de leurs caractères minéralogiques qui semblent être le résultat d'actions éprouvées après leur formation.

Formation des dépôts métallifères, argileux et sableux.

127. L'époque et le mode de formation des dépôts métallifères, sableux et argileux, que nous avons décrits à la suite du terrain anthraxifère, méritent aussi un examen spécial, et ont donné matière à des opinions bien différentes. En effet, les ressemblances minéralogiques de ces argiles et de ces sables avec l'argile plastique de Paris, les ont fait considérer comme tertiaires ; tandis que M. Cauchy (*), frappé de la position incli-

(*) *Mémoire sur la province de Namur*, déjà cité.

née d'une partie des couches d'argile, des rapports de cette substance avec les minerais métalliques et de la circonstance que ceux-ci ne pénètrent pas dans le terrain houiller, les a considérées comme à peu près contemporaines des dépôts dans lesquels elles sont intercalées. On a vu dans le chapitre précédent que nous étions loin de contester qu'il y ait des dépôts tertiaires sur les parties basses du massif houiller et anthraxifère qui avoisinent la Picardie et le bassin de Bruxelles, mais l'intime liaison des argiles et des sables qui nous occupent avec les matières métalliques, et la circonstance que l'on n'a pas encore trouvé de fossiles tertiaires dans le Condros, ni dans les autres parties élevées du massif anthraxifère, nous paraissent écarter tout à fait le rapprochement avec les terrains tertiaires. D'un autre côté, la circonstance que les matières métalliques dont il s'agit ne pénètrent pas dans le terrain houiller et celle qu'elles s'insinuent dans les roches anthraxifères qui forment les salbaudes des filons, ne suffisent pas pour prouver que ces matières sont plus anciennes que le terrain houiller. En effet, il suffit, pour concevoir la première de ces circonstances, de supposer que, au moment où se sont opérées et remplies les cavités qui renferment les dépôts métallifères, le terrain houiller se trouvait dans un certain état de mollesse qui le mettait dans le cas de ne pas se fendre aussi aisément que le calcaire, et c'est précisément ce que prouvent les plis que l'on voit si souvent dans le terrain houiller, comparés à l'état fracturé et aux cavités que présentent les couches calcaires. D'un autre côté, on sent que sur les

parois des grandes fentes remplies par les filons, il a
pu y avoir une infinité de fissures susceptibles de rece-
voir les particules métalliques, d'autant plus que tout
nous porte à croire que la rupture de ces couches a été
accompagnée d'une forte émission de chaleur.

Nous sommes loin toutefois de nier qu'il y ait des
lits d'argiles contemporaines des terrains houiller et
anthraxifère, car nous considérons les schistes de ces
terrains comme des argiles qui ont acquis un certain
degré de cohérence par les modifications qu'elles ont
éprouvées lors de leur relèvement, d'où l'on sent, lorsque l'on fait attention à l'espèce de bizarrerie avec laquelle les causes métamorphiques ont agi, qu'il est
très-probable que quelques-unes de ces couches aient
échappé à l'effet de la cause qui a endurci les autres,
ou, si l'on veut, qu'elles aient perdu postérieurement
leur cohérence. Tout ce que nous voulons dire, c'est
que les dépôts de sable, d'argile et de minerai dont
il a été parlé à la suite du terrain anthraxifère, ne sont
pas contemporains de ce dépôt ni du terrain houiller.
On ne peut, en effet, contester qu'ils ne soient postérieurs au calcaire de Visé, puisqu'ils y forment des
filons ; ils sont aussi postérieurs au plissement, puisqu'ils remplissent des cavités qui sont le résultat de ce
plissement, que leur stratification n'est pas concordante
avec celle des autres grands systèmes, et que leurs
bassins ne sont pas embrassés par ceux de terrain houiller, comme ceux-ci le sont par ceux de calcaire de
Visé, et ainsi de suite. On ne peut se prévaloir contre
ces faits de la circonstance que quelques-uns de ces

bassins ont des bords très-relevés ou même renversés, car on sent qu'après le grand phénomène du plissement il a dû y avoir des affaissements locaux suffisants pour déranger la position de ces petits bassins, sans compter les autres mouvements généraux que le sol a éprouvés depuis cette époque reculée, antérieure à la formation des vallées tranversales.

Si ces considérations semblent prouver que les sables, les argiles et les minerais dont il s'agit, sont postérieurs au terrain houiller, celles indiquées ci-dessus d'après M. Cauchy, annoncent au moins qu'ils ont suivi de très-près la formation de ce terrain. D'un autre côté, la manière dont ces matières se trouvent injectées dans les cavités et les fissures occasionnées par le plissement des roches anthraxifères et houillères, porte à croire qu'elles ont pris la place qu'elles occupent maintenant, lors de ce grand plissement, c'est-à-dire, d'après ce qui vient d'être dit (124), à l'époque pénéenne qui a suivi immédiatement la formation du terrain houiller et précédé la formation du terrain triasique. Or, il est très-remarquable que cette époque est précisément celle qui paraît avoir amené à la surface de la terre la plus grande quantité de matières ferrugineuses et siliceuses, de sorte que plusieurs considérations d'ordres tout à fait différents se réunissent pour faire rapporter l'origine de nos minerais métalliques à cette grande et importante époque de l'histoire du globe, qui sépare les deux grandes classes chronologiques de terrains que nous distinguons par les épithètes de primordiaux et de secondiaux.

128. Si nous recherchons maintenant quelle a pu être l'origine de ces dépôts, en quelque manière anomaux, nous serons encore conduit à diminuer l'importance que l'on a attribuée aux effets des eaux superficielles. On sait que l'on a cru pendant longtemps que presque tous les matériaux de l'écorce solide du globe avaient été dissous dans les eaux de la mer, sans être embarrassé de l'immense masse d'eau qu'il fallait pour tenir en dissolution une semblable quantité de matière terreuse, et sans demander pourquoi les eaux, qui avaient déposé les matières des filons, n'avaient pas enveloppé le globe terrestre d'une cuirasse métallique. On sait également que les progrès de la science ont fait justice de cette doctrine, et que l'on est généralement d'accord pour admettre que les dépôts cristallins, qui forment la base de l'écorce terrestre, doivent leur cristallisation à un simple refroidissement, et que les matières métalliques des filons ont été injectées de bas en haut. Mais, d'un autre côté, un grand nombre de géologues pensent encore que tous les sables et toutes les argiles proviennent de roches préexistantes, dont les débris ont été transportés et déposés par les eaux, comme le limon et le gravier de nos rivières. Or, il semble bien difficile d'appliquer cette manière de voir aux sables et aux argiles dont nous nous occupons. En effet, si ces sables et ces argiles provenaient de la destruction d'autres roches, comment se fait-il que l'on ne reconnaît jamais dans leur intérieur de traces de ces roches? Comment se fait-il qu'elles forment des amas, tantôt complétement blancs, tantôt complétement jaunes,

tandis que ces couleurs ne se présentent que comme des accidents rares dans toutes les roches antérieures, non-seulement de la contrée, mais aussi des autres pays environnants? Si ces sables et ces argiles avaient été amenés par les eaux superficielles, comment se ferait-il que ces eaux auraient été choisir, pour opérer leur dépôt, les petites cavités qui se trouvent au point de jonction du calcaire et du psammite, situées ordinairement à mi-côte des collines longitudinales, et ne se trouvent que dans le voisinage de ces cavités, au lieu d'être placées comme les dépôts alluviens et diluviens, dont la position peut, presque toujours, s'exliquer d'après les règles de l'hydrodynamique?

Si, au lieu de vouloir faire amener ces sables et ces argiles par les eaux superficielles, nous supposons qu'ils sont venus de l'intérieur, comme les matières métalliques des filons et comme M. d'Alberti l'a supposé pour les grès et les sables triasiques (*), leur position s'explique avec la plus grande facilité. Elles se trouvent dans le calcaire, au lieu d'être dans le terrain houiller, dans les psammites du Condros ou dans le système du poudingue de Burnot, parce que le calcaire ayant été, comme nous l'avons déjà dit, plus disposé à se fendiller, leur a donné des facilités de passage qu'elles n'ont pas trouvées dans les systèmes où dominent les roches schisteuses et quarzeuses. Elles sont principalement vers le point de jonction des systèmes calcareux et quarzo-schisteux, parce que la pres-

(*) *Monographie des bunter Sandsteins, Muschelkalks und Keupers.* Stuttgart, 1854.

sion des masses se faisant moins sentir dans les parties supérieures des bords des bassins que dans les parties plus basses, les cavités ont dû se maintenir en plus grand nombre dans ces parties que dans celles qui se trouvaient pressées par leur poids. Lorsque les éjaculations ont duré peu de temps, on ne doit voir aucune stratification dans ces dépôts, mais un mélange semblable à ce qui a été indiqué ci-dessus. Si, au contraire, les éjaculations ont duré longtemps, leurs produits doivent présenter une stratification distincte, soit dans l'intérieur de la cavité, si celle-ci est considérable, soit sur le sol environnant, si la cavité est de petite dimension; et ceci est encore en harmonie avec le résultat de l'observation. Enfin, en donnant cette origine interne aux sables et aux argiles dont il s'agit, on évite une grande difficulté géogénique : celle de devoir leur attribuer une origine différente de celle des minerais dont ces matières sont les compagnes fidèles, ou bien de supposer que ces minerais ont une origine différente de celle que l'on est assez généralement d'accord maintenant d'attribuer aux métaux des filons. D'un autre côté, une fois que l'on admet la chaleur centrale, on sent que la continuation du refroidissement doit produire une continuation de la solidification de la masse fluide intérieure, tandis que l'observation de ce qui se voit dans nos usines, ainsi que dans les volcans, prouve que, quand une matière liquide passe à l'état solide, une partie de cette matière se volatilise. Or, si un grand nombre de géologues admettent maintenant la volatilisation de la magnésie, matière qui, dans nos laboratoires, est plus fixe que la silice, on peut aussi admettre la volatilisation de la silice dans les temps où se passaient les grands phénomènes géologiques. On concevra donc aisément que, si des gaz siliceux venaient à traverser des masses d'eau, il pourrait se produire des réactions chimiques qui précipiteraient cette silice, soit à l'état pur, soit à celui de silicates d'alumine, ou, en d'autres termes, qui donneraient naissance à des sables et à des argiles; de même que les eaux de certaines fontaines actuelles précipitent du carbonate calcique, parce que l'acide carbonique qui tenait ce sel en dissolution se sépare lorsque les eaux arrivent au jour.

Il n'y a pas longtemps encore que nous ne pouvions invoquer en faveur de la volatilisation ou de la dissolution de la silice, que la considération théorique qu'il doit se passer dans la nature beaucoup de phénomènes que nous ne pouvons reproduire dans nos laboratoires ou bien quelques faits rares, tels que la silice gélatineuse trouvée dans certaines localités, ou la dissolution de cette terre dans les eaux des *geisers* d'Islande, ou enfin sa volatilisation au moyen du fluor; mais dans ces derniers temps les expériences de M. Gaudin (*) ont prouvé que la volatilisation de la silice n'était pas un phénomène aussi contraire à l'ordre de choses actuel qu'on le pensait communément.

129. Les rapports des phtanites avec les minerais de fer, les argiles et les sables, indiquent qu'ils ont la

Formation des phtanites.

(*) *Communication faite à l'académie des sciences de l'institut de France, le 24 mai 1841.*

même origine, en ce sens qu'ils proviennent également d'émanations intérieures; mais leur état cohérent annonce qu'ils ne sont pas le résultat de précipitations instantanées comme celles que nous supposons pour les sables et les argiles; ils doivent, au contraire, provenir de molécules qui conservaient leur état de dissolution lors de leur arrivée au jour, et qui se sont réunies d'après les lois de l'affinité. La quantité de ces molécules, qui se sont substituées aux matières qui composaient les tiges de crinoïdes, prouve que cette opération a été fort lente, puisqu'il a fallu que les crinoïdes aient eu le temps de croître sur ce sol et ensuite de se pétrifier. Quant à la cause qui a pu donner aux phtanites la forme de petits fragments anguleux, enfouis dans un dépôt argilo-sableux, elle est fort difficile à concevoir; peut-être que cet état est dû à la tendance qu'ont certaines matières siliceuses à se fendiller, combinée avec les agitations que le sol a éprouvées postérieurement?

Cette origine interne des phtanites semble encore confirmée par la circonstance qu'ils se sont reproduits dans cette contrée à peu près à toutes les époques où il s'y est formé des dépôts, puisque nous avons vu qu'ils caractérisent en quelque manière le poudingue de Burnot, qu'ils forment des rognons et même de petits bancs dans le calcaire de Givet ainsi que dans celui de Visé, et qu'ils composent des couches importantes dans la partie inférieure du terrain houiller. Du reste cette observation que la nature minéralogique des dépôts est quelquefois plus en rapport avec leur position géographique qu'avec leur ordre chronologique, ou, en d'autres termes, que la même nature de roche a de la tendance à se reproduire dans les mêmes lieux pendant une longue suite de temps, n'est que la répétition de faits qui se voient dans d'autres localités ; c'est ainsi que dans le Poitou et la Touraine on voit les rognons siliceux être excessivement abondants dans les terrains jurassique, crétacé et tertiaire, tandis que l'on n'en rencontre presque pas dans les mêmes terrains en Lorraine et en Champagne.

130. On a vu que ce n'était qu'avec doute que nous avions aussi rapproché les poudingues de Malmédy du terrain pénéen. Les motifs qui nous ont porté à ce rapprochement sont la stratification horizontale de ce dépôt, au milieu d'un terrain dont les couches fortement inclinées paraissent, ainsi qu'il a été dit ci-dessus, avoir été relevées après la formation du terrain houiller, et l'absence de fossiles postérieurs à ceux des terrains primordiaux ; mais quant au mode de formation de ce dépôt, il y a encore plus de difficultés à établir une opinion. On a longtemps considéré tous les poudingues comme formés par des alluvions, et il n'y a pas de doute qu'il n'y en ait beaucoup qui soient dans ce cas ; mais, lorsque l'on veut appliquer cette théorie au dépôt de Malmédy, on se demande d'abord où les eaux ont pu aller chercher les matières qui le composent? Or, si sans s'arrêter à quelques petites différences dans l'aspect et surtout dans la répartition des matériaux, on voulait faire venir ces derniers du terrain anthraxifère du Condros ou de l'Eifel, on se demanderait d'abord

comment ces matières auraient pu être amenées à un niveau supérieur à celui de leur point de départ ? Ensuite si, pour éviter cette difficulté, on supposait que Malmédy ait eu à cette époque une altitude moindre que les parties calcaires du Condros et de l'Eifel, on se demanderait comment il se peut que les eaux qui transportaient ces débris n'en aient laissé de tracer que dans une seule localité ? Ces objections nous semblent éloigner l'idée de voir dans ce poudingue le produit d'une alluvion proprement dite ; nous sommes au contraire porté à lui attribuer une origine analogue à celle des autres dépôts que nous avons déjà rapportés à l'époque pénéenne, et à supposer qu'il existait à cette époque, sur l'emplacement de Malmédy à Stavelot, une dépression du sol dans laquelle se trouvait un de ces soupiraux qui éjaculaient des matières intérieures à la surface du sol. Dans le commencement, il ne sortait par ce conduit que des matières calcaires en dissolution, qui ont favorisé le développement des animaux à tests ou à tiges calcaires, mais ensuite, lors d'une des grandes révolutions du globe, probablement lorsqu'il s'élevait des porphyres quarzifères dans le Brabant, dans le Palatinat, dans les Vosges, etc., il aura été lancé dans le lac ou golfe de Malmédy beaucoup de matières quarzeuses et argileuses, ainsi que l'on en voit autour des porphyres du Palatinat et des Vosges, et que les agitations accompagnant ces éjaculations auront brisé et arrondi les dépôts calcaires et les animaux qui s'y trouvaient.

 131. Sans vouloir discuter ici les questions relatives à la formation des dépôts en général ; nous ferons re-

marquer que la position de quelques dépôts d'argile tertiaire et celle des sables de Diest, semblent encore appuyer l'hypothèse des éjaculations de l'intérieur, malgré la stratification régulière que ces matières présentent dans certains lieux.

On a vu, dans le chapitre précédent, que les dépôts d'argile ne forment pas ordinairement des couches continues sur une grande surface, mais que le plus souvent, ils sont peu étendus dans le plan horizontal, tandis qu'ils ont une épaisseur considérable. Quelquefois ils remplissent des dépressions du sol inférieur, mais d'autres fois ils forment des protubérances ou cônes surbaissés au-dessus de ce sol, c'est notamment ce qui a lieu sur le plateau entre Braine-le-Comte et Jurbise en Hainaut. Ce plateau est en général recouvert par une puissante assise de limon, qui laisse percer l'argile dans quelques points isolés, et les tranchées que l'on y a creusées pour le passage du chemin de fer, ont fait voir que ces points sont les sommets de petites élévations coniques ensevelies sous le dépôt de limon qui a égalisé le plateau. Or, on ne conçoit pas comment des matières, amenées pas des eaux superficielles, ont pu prendre la forme de taupinières sur les parties les plus élevées du pays, tandis que cette disposition est une conséquence naturelle de l'éjaculation. D'un autre côté, quoique le sable jaunâtre soit généralement supérieur, sur ce plateau, à l'argile noirâtre, la coupure de quelques-uns de ces cônes a fait voir des nids de sable jaune enfouis dans l'argile, comme des témoins qui attesteraient le passage de celui-là au milieu de celle-ci.

Quant aux sables de Diest, on a vu qu'ils forment le couronnement d'une chaîne de collines qui s'étend au milieu de plaines moins élevées. Or, pour supposer qu'ils aient été amenés dans cette position par des eaux superficielles, il faudrait également admettre qu'il y a eu dans ces contrées une vaste nappe de nature analogue, qui a été dénudée et dont les collines actuelles ne sont plus que les témoins; mais, outre que nous ne pouvons concevoir une force de dénudation suffisante pour avoir enlevé, sauf deux petits massifs de collines, toute la partie de cette immense nappe qui se serait étendue du Pas-de-Calais à l'Escaut, on doit, en supposant la possibilité d'une semblable action, se demander comment il se fait que cette immense masse de matière en mouvement n'ait plus laissé de trace de son passage? Si l'on suppose, au contraire que, à une époque où ces contrées étaient encore sous l'eau, il s'est formé entre Cassel et Diest une grande fente, sur plusieurs points de laquelle il est sorti du sable et de l'hydrate ferrique, on sentira que ces matières ont dû prendre précisément la disposition que nous leur voyons. Une circonstance qui vient encore à l'appui de cette hypothèse, c'est que l'on aperçoit quelquefois dans les dépôts inférieurs aux sables de Diest, des espèces de filons ou de bandes verticales plus ou moins imprégnées d'hydrate ferrique, et que l'on peut considérer comme les conduits ou cheminées par où les émanations postérieures sont arrivées au jour (*). Pour ce qui est de l'époque où ce dépôt

(*) Il est assez remarquable que ces espèces de filons ferrugineux, qui maintenant me paraissent si intéressants pour appuyer l'hypothèse des éjaculations,

s'est effectué, nous pensons, avec MM. Élie de Beaumont et d'Archiac, que c'est vers la fin de la première période tertiaire.

132. Si maintenant nous recherchons quels ont été le mode et l'époque de formation des vallées qui sillonnent le sol de la Belgique, nous ferons remarquer en premier lieu que l'étude de ces vallées prouve combien était erronée l'hypothèse qui attribuait l'origine exclusive de ces cavités à l'érosion des eaux.

Formation des vallées.

133. En effet, ce que nous avons dit du plissement de nos roches primordiales et de la constitution géologique du Condros (47), suffit pour démontrer que, dans cette contrée, les vallées que nous avons nommées longitudinales, c'est-à-dire celles qui suivent la direction des couches minérales, sont le résultat du plissement.

Vallées de plissement.

134. Quant aux vallées qui, dans ces contrées montueuses, coupent les couches et les collines sous divers angles, il est facile aussi de voir qu'elles n'ont pu être creusées par les eaux, car celles-ci auraient dû suivre la pente générale du sol, tandis que l'on voit à chaque

Vallées de fractures.

---

m'aient anciennement induit en erreur, en me portant à croire que les grès ferrugineux n'étaient que des accidents ou des bigarrures des autres dépôts sableux, au lieu de reconnaître, ainsi que l'ont fait depuis MM. Élie de Beaumont, d'Archiac et Dumont, qu'ils avaient généralement une position supérieure à tous les autres dépôts du terrain tertiaire inférieur. Il est assez probable que le dépôt de Groenendael (106), qui est aussi de nature ferrugineuse, mais qui renferme les fossiles du calcaire de Bruxelles, a été imprégné d'hydrate ferrique de la même manière, soit que l'éjaculation ferrugineuse y ait eu lieu à une époque antérieure à celle du sable de Diest, soit qu'elle ait eu lieu en même temps, mais sans être accompagnée de sable, comme dans les localités où l'on voit de véritables dépôts de sable de Diest.

instant les eaux d'un bassin s'écouler par des espèces de fentes pratiquées dans les parties les plus élevées des arêtes qui entourent ce bassin. C'est ainsi que nous avons vu que la Meuse, au lieu de suivre la pente générale du sol, qui l'aurait conduite dans la Manche, s'engage au nord de Mézières dans des plateaux plus élevés que sa source et que l'arête qui la sépare du bassin de la Seine. La Sambre présente aussi un phénomène analogue, car, au lieu de suivre la pente générale du sol vers le nord-ouest, elle dévie vers l'est et traverse, entre Charleroy et Namur, des plateaux plus élevés que l'arête qui la sépare du bassin de l'Escaut. Or, il est à remarquer que ces plateaux de l'est sont formés de roches très-cohérentes, qui résistent à l'action des eaux, mais qui sont susceptibles de conserver les fentes qui s'y produisent; tandis que l'arête du nord est principalement formée de sables et d'autres dépôts meubles très-susceptibles d'être ravinés par les eaux, mais où les fentes sont dans le cas d'être bientôt obstruées par les éboulements.

135. D'après ces dernières considérations, on serait porté à croire que les cours d'eau qui traversent les plaines sableuses et argileuses de la Flandre, du Brabant et de la Hesbaye, ont au moins tracé eux-mêmes les lits par où ils s'écoulent; mais quand on remarque que la plupart de ces cours d'eau ou fractions de cours d'eau, notamment la Lys, l'Escaut, la Dendre, la Senne, la Dyle et la Gette, présentent généralement la même direction, et que l'on fait attention à la facilité avec laquelle le moindre obstacle fait dévier le cours

d'une eau qui se fraie un lit, on sentira qu'il est bien difficile qu'une semblable uniformité soit le résultat de simples érosions, et si l'on ajoute que la direction de ces cours d'eau est aussi à peu près parallèle à celle de la côte de Flandre, on est porté à supposer que ces lignes sont le résultat d'une dislocation du sol, qui aura produit des failles dont le bord le plus élevé aura déterminé la direction des cours d'eau, ainsi que M. Dumont a déjà été conduit à le reconnaître pour les vallées de la Hesbaye, d'après une autre considération (*). Car cet ingénieux observateur ayant reconnu que les bords des vallées qui traversent cette contrée, ne présentent que du limon du côté occidental, tandis que du côté oriental on voit ordinairement paraître plusieurs assises inférieures au limon, telles que le tuffeau de Lincent, le tuffeau de Maestricht, la craie blanche, etc., il en a conclu que ces vallées devaient leur origine à des failles ou dislocations qui avaient produit des fentes parallèles, accompagnées de mouvements du sol, par suite desquels les massifs compris entre ces fentes, s'étaient plus élevés du côté de l'O. que du côté de l'E., ou plus abaissés du côté de l'E. que du côté de l'O., ainsi qu'on peut le voir par la figure ci-jointe.

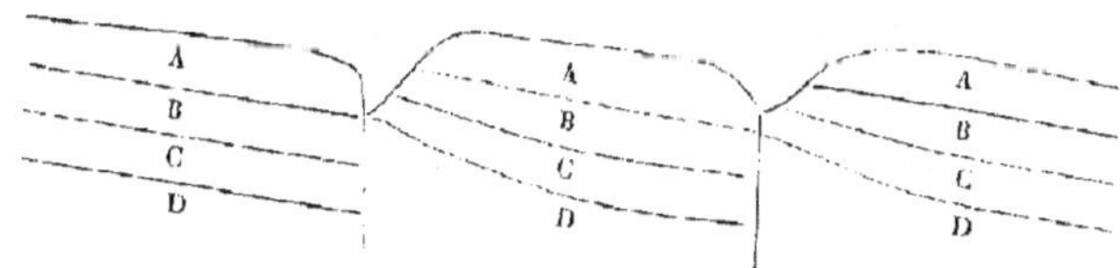

A. *Limon*. B. *Tuffeau de Lincent*. C. *Tuffeau de Maestricht*. D. *Craie blanche*.

(*) *Bulletin de l'académie de Bruxelles*, t. IV, p. 475.

Le parallélisme de ces lignes avec la côte de Flandre, donne lieu de croire que c'est à cette même dislocation qu'est due l'émersion d'une grande partie des contrées qu'elles traversent, et, comme les grès ferrugineux de Diest, qui couronnent les collines qui dominent ces contrées et que nous rapportons à l'époque du terrain tertiaire inférieur, ont été formés sous l'eau, nous obtenons de cette manière une limite d'ancienneté que n'a point dépassé la dislocation dont il s'agit. D'un autre côté, on voit que tous les cours d'eau mentionnés ci-dessus changent brusquement de direction, lorsqu'ils atteignent les lieux où le sable de Campine prend une certaine importance, comme si ce dépôt avait obstrué le prolongement des canaux par où s'écoulent ces eaux ; d'où l'on est porté à conclure que ces sables ont été déposés postérieurement à la dislocation qui a, en quelque manière, tracé ces canaux, ou plutôt que leur formation est le résultat de ce phénomène : car il n'est pas probable qu'une semblable agitation ait pu se passer sans avoir été suivie par la formation d'un dépôt, et rien n'annonce qu'il soit survenu aucun événement remarquable dans le pays entre la formation du grès ferrugineux de Diest et celle du sable de Campine, que M. Dumont rapporte à l'époque du crag ou commencement de la période tertiaire supérieure. C'est aussi à cette époque que nous croyons, d'après les considérations qui précèdent, que doit être rapportée la dislocation qui a produit les vallées où coulent les cours d'eau mentionnés ci-dessus, et qui a émergé une grande partie des contrées qu'elles traversent. Si, d'un autre

côté, nous cherchons à déterminer cette époque d'après
les règles que M. Élie de Beaumont a déduites de la
direction des lignes, nous verrons que les cours d'eau
ou fractions de cours d'eau dont il s'agit ont une direction du S.S.O. au N.N.E., c'est-à-dire semblable
à celle des Alpes occidentales, ou 11e soulèvement de
M. de Beaumont; ce qui correspond à la même époque
et présente une concordance bien remarquable, quand
on fait attention que l'on arrive à ce résultat par deux
voies tout à fait différentes.

136. La Belgique présente encore une autre fracture
plus fortement marquée que celles dont il vient d'être
question, et qui se prolonge sur une seule ligne pendant une grande longueur, c'est celle où coulent la
Sambre et la Meuse, depuis Maubeuge jusqu'à Liége;
mais il est fort difficile d'arrêter une opinion positive
sur l'époque de sa formation. On peut cependant dire
qu'elle est postérieure au terrain crétacé, puisque l'on
ne trouve aucun dépôt de ce groupe dans le fond de la
vallée, tandis qu'il en existe au-dessus des plateaux qui
la bordent à droite et à gauche aux environs de Liége.
On pourrait aussi, par la même considération, dire
qu'elle est postérieure au terrain tertiaire inférieur;
mais on ne doit cependant pas mettre trop d'importance à l'absence de ce terrain dans la vallée, parce
qu'il est peu abondant dans son voisinage. La circonstance qui semble la plus propre à jeter quelque lumière
sur l'époque de cette fracture, c'est que l'on voit, tant
dans le fond de la vallée que sur ses flancs et sur les
plateaux qui la bordent, des cailloux de même nature

que les roches de l'Ardenne, ce qui semble annoncer, mais ce qui est loin de prouver, que cette fracture est le résultat de la révolution qui a mis ces cailloux en mouvement. Or, comme ces cailloux se prolongent au-dessus des sables de Campine et en dessous du limon de Hesbaye, on pourrait en conclure que la grande fracture dont il s'agit est postérieure à la mise en place du sable de Campine, et par conséquent aux autres dislocations dont il a été parlé ci-dessus. Si nous consultons maintenant la règle des directions, nous verrons que la ligne de Maubeuge à Liége se dirige à peu près de l'O. $^1/_4$ S.O. à l'E. $^1/_4$ N.E., c'est-à-dire comme les Alpes orientales, ou 12e et dernier soulèvement européen de M. Élie de Beaumont, résultat qui concorde aussi avec l'autre ordre de considérations.

137. Les grandes révolutions qui se sont passées dans les autres parties du globe terrestre pendant le temps qui s'est écoulé entre les époques auxquelles nous rapportons le plissement de nos terrains primordiaux et la formation du sable de Campine, portent à croire que la Belgique n'a pas joui, pendant cette longue période, d'une tranquillité parfaite, mais il est bien difficile de reconnaître d'une manière positive les traces des dislocations qui seraient le résultat de ces révolutions. On conçoit, quant à ce qui concerne les contrées sur lesquelles se sont étendus les terrains tertiaires, que ces traces ont dû être effacées par ces dépôts, et, quant à celles qui ont échappé à ce grand comblement, on en est à peu près réduit aux indications tirées de la direction, qui pourraient bien nous

induire en erreur. On remarque, en effet, que les vallées de fracture de ces contrées présentent des directions si variées, que l'on y trouverait des traces, non-seulement des douze directions admises par M. de Beaumont, mais aussi de beaucoup d'autres qui, toutefois, pourraient bien être de ces fentes transversales qui doivent inévitablement accompagner une grande fente qui s'opèrerait avec soulèvement. Du reste, il y a parmi cette confusion de vallées, deux directions qui se font principalement remarquer par l'importance des cours d'eau qui les suivent, et par la fréquence avec laquelle elles se reproduisent. L'une est celle du S. au N. que l'on remarque dans la vallée de la Meuse de Mézières à Namur, dans la vallée de l'Ourte de Durbuy à Liége et dans les vallées de plusieurs autres cours d'eau de l'Ardenne et de l'Eifel. La seconde de ces directions est celle de l'E.S.E. à l'O.N.O., que l'on remarque dans les vallées de la Semois, de la Lesse, de l'Ourte vers Houffalize, de l'Amblève, etc. Or, si nous cherchons à ramener ces deux directions à celles des systèmes de M. de Beaumont, nous trouverons qu'elles se rapportent aux 10e et 9e soulèvements ou *systèmes sardo-corse* et *pyrénéo-apennin*, qui ont eu respectivement lieu entre les deux premiers étages tertiaires, et entre les terrains tertiaires et crétacés.

138. On peut cependant objecter contre ce rapprochement, que quand on voit les vastes creux que présentent ces fractures et les débris abondants qui se trouvent à leur débouché, on est bien tenté d'admettre que la formation de ces débris et leur transport ont

concordé avec la formation de ces creux, tandis que l'on ne voit pas de fragments de roches primordiales dans les deux dépôts caillouteux que présente le sol de la Belgique, à des niveaux géognostiques correspondants (99 et 109). Toutefois on peut répondre à cette objection que, quand une dislocation ou violente agitation du sol se fait sentir sur une contrée émergée, elle peut produire des fentes, des failles et des écartements, sans être accompagnée d'une débâcle ou déluge, c'est-à-dire d'un grand transport de débris. Or, l'absence dans l'Ardenne et dans le Condros de terrains intermédiaires entre les groupes pénéen et tertiaire supérieur, donne lieu de supposer que ces contrées étaient émergées pendant cette période, d'où l'on peut conclure que rien, à la rigueur, ne s'oppose à ce que l'on considère les grandes dislocations qui viennent d'être indiquées comme ayant effectivement eu lieu aux deux époques citées, tandis que le transport des débris aurait été effectué beaucoup plus tard, c'est-à-dire à l'époque où le soulèvement des Alpes orientales avait mis en mouvement les eaux qui recouvraient auparavant l'emplacement de cette vaste chaîne de montagnes, et qui auraient fait une irruption sur le sol de l'Ardenne.

Il y a cependant quelques circonstances qui semblent indiquer que la dispersion des débris de nos terrains primordiaux est due à des phénomènes plus compliqués : ce sont, entre autres, l'abondance des débris du terrain ardoisier aux débouchés des vallées qui sortent de l'Ardenne, et la rareté, pour ne pas dire l'absence, de débris de calcaire anthraxifère ; mais nous avouons n'être pas à même de donner une explication satisfaisante de ces deux circonstances.

Peut-être que l'on pourrait voir dans la grande prédominence des débris ardennais, l'effet de quelques phénomènes qui, à cette époque, comparativement récente, aurait agi beaucoup plus fortement sur le sol de l'Ardenne que sur celui des contrées voisines. Ce qui reviendrait en quelque manière à dire, en d'autres termes, qu'il y aurait lieu d'admettre un *déluge ardennais*, tout comme on a admis un *déluge alpin*, pour le grand mouvement d'eau qui a transporté les débris que l'on remarque des deux côtés des Alpes, et un *déluge scandinave*, pour celui qui a transporté l'immense dépôt de débris de roches du nord de l'Europe, qui repose sur la vaste plaine du milieu de cette partie de la terre. Mais, comme il paraît, ainsi qu'on vient de le voir, que l'Ardenne n'était plus couverte d'eau à cette époque, cette supposition ne pourrait suffire pour expliquer la dispersion des débris de l'Ardenne sur les contrées plus basses du Condros, de la Hesbaye, de la Campine, du pays de Juliers, à moins que de recourir à l'hypothèse des glaciers de M. Agassiz, idée sur laquelle nous n'émettrons aucune opinion, parce que nous n'avons pas étudié l'Ardenne depuis qu'il est question de cette hypothèse.

Quant à l'absence des débris de calcaire anthraxifère dans les dépôts diluviens de la Belgique, il est encore plus difficile de s'en rendre raison, car la manière dont cette roche résiste à l'action mécanique des agents extérieurs, ne permet pas de supposer qu'elle se serait détruite par le transport. On a cherché à l'expliquer par la supposition que les eaux qui opéraient ce transport contenaient un acide qui les mettait à même de dissoudre le calcaire, mais cette supposition semble devoir être écartée par les formes que présentent les escarpements de calcaire anthraxifère, formes qui sont au moins aussi anguleuses et offrent des fractures aussi fraîches que celles des roches quarzeuses. Peut-être que cette prédominence des fragments quarzeux dans ces débris diluviens n'est due qu'à l'action de ces derniers phénomènes, que nous venons de supposer avoir agi plus spécialement sur l'Ardenne, et à la désagrégation des poudingues qui se trouvaient dans des conditions plus favorables pour produire des cailloux. Peut-être aussi que cette production a été également favorisée par la circonstance que les roches quarzeuses avaient encore conservé à cette époque une partie de la mollesse, que d'autres considérations (**127**) nous ont porté à leur attribuer à une époque antérieure (*).

Formation du limon de Hesbaye.

139. La *formation* du vaste dépôt de *limon* qui s'étend de la Normandie au pays de Juliers, est aussi un phénomène géologique dont il est difficile de donner une explication satisfaisante. On considère ordinaire-

---

(*) Je crois devoir citer à cette occasion une observation qui, pour moi, est nouvelle, mais qui peut-être a déjà été faite par d'autres, et qui prouve la facilité avec laquelle les matières molles se transforment en ce que nous appelons cailloux roulés. En montant dernièrement la colline qui se trouve entre Renaix et Ellezelles, je vis que le fossé de la nouvelle route que l'on vient de construire dans cette direction présentait beaucoup de fragments arrondis, quoique un peu aplatis, d'une substance bleuâtre. Ces fragments attirèrent mon attention dès le premier moment, parce que n'en ayant pas vu de semblables sur le sol de la contrée, je me deman-

ment ce dépôt comme ayant une origine analogue à celle du limon d'attérissement que transportent nos cours d'eau actuels. Mais ce dernier n'a pas une composition aussi uniforme, il se mêle ordinairement avec le gravier et les dépôts caillouteux, et laisse en général des témoins de son passage, tandis que le grand dépôt qui nous occupe est remarquable par son uniformité, par son indépendance, c'est-à-dire par la manière dont il se distingue nettement des autres dépôts meubles sur lesquels il repose, et par sa concentration dans la grande étendue qu'il occupe. Ce qui a été dit ci-dessus sur la probabilité de l'émersion d'une grande partie du sol, à des époques antérieures à la formation du limon, et l'absence dans ce dernier d'animaux marins, combinée avec la présence de quelques restes d'animaux terrestres ou fluviatiles, annoncent que le limon n'a pas été déposé dans la mer. Mais comment admettre l'existence d'un vaste amas d'eau douce dont le dépôt, au lieu d'être encaissé dans un bassin, s'élève à plus de 200 mètres au-dessus de sables marins sur lesquels il ne s'est pas étendu? S'il était permis d'émettre, à ce sujet, une hypothèse que nous convenons être fort hasardée, nous dirions qu'à l'époque où les eaux, mises

dais comment quelques centaines de mètres qu'ils avaient pu parcourir avaient suffi pour les arrondir; mais ayant pris de ces prétendus cailloux, pour les examiner, je fus surpris de voir qu'ils étaient composés d'une argile molle qui se laissait pétrir sous les doigts. Je compris alors facilement comment les fragments anguleux qui s'étaient détachés de la masse d'argile mise au jour par le creusement des fossés avaient pu s'arrondir par un transport de quelques mètres, et je me suis demandé s'il ne serait pas probable que beaucoup de cailloux roulés eussent pris leurs formes à une époque où ils n'avaient pas encore atteint leur solidité actuelle.

en mouvement par les derniers soulèvements des Alpes et de l'Ardenne, n'étaient pas encore rentrées dans le lit de la mer, mais où les cailloux transportés par ces eaux étaient déjà déposés dans les lieux où ils se trouvent maintenant, de puissantes éjaculations de limon sont sorties de l'intérieur de la terre, dans les contrées où nous voyons ce dépôt, et ont été arrêtées dans leur expansion par le reflux de la mer, de la même manière que les alluvions que transportent nos fleuves sont arrêtées à l'embouchure de ceux-ci, au lieu de se précipiter dans les profondeurs de la mer.

140. La découverte d'ossements humains dans les cavernes de la province de Liége, a reporté l'attention des géologues sur la question de savoir si l'homme existait déjà à l'époque où vivaient les mammouths et les autres grands animaux du terrain diluvien supérieur. Schmerling, qui avait trouvé ces ossements humains empâtés avec ceux des grands animaux dans le tuf qui recouvre le fond des cavernes, et entraîné par cette tendance que l'on a généralement à donner de l'importance à ses découvertes, était convaincu qu'elles décidaient cette question d'une manière définitive. Nous croyons, en effet, que les faits observés par Schmerling établissent de nouvelles présomptions en faveur de l'opinion qui admet que l'homme existait déjà à l'époque des mammouths (*), mais nous devons faire observer que les cavernes de la province de Liége ne décident

(*) J'ai aussi émis l'opinion de la contemporanéité de l'homme et des grands animaux diluviens, ainsi qu'on peut le voir dans les diverses éditions de mes *Éléments de géologie*.

pas plus la question que les autres faits qui avaient été constatés auparavant. Car, comme on trouve quelquefois les ossements des cavernes dans des sédiments encore meubles, on conçoit que des ossements déposés postérieurement sur un semblable sol, aient pu se mêler avec les premiers, et qu'un enduit de tuf nouveau soit venu recouvrir le tout d'une couche cohérente. Toutefois Schmerling appuyait aussi son opinion sur la circonstance que les crânes qu'il avait découverts, annonçaient une race d'hommes différents de ceux qui habitent maintenant nos contrées, et il croyait y voir un rapprochement avec la race noire ; mais, comme il n'a eu que deux crânes à sa disposition, on a objecté qu'il était difficile de tirer une conclusion définitive sur un aussi petit nombre d'individus.

141. La formation d'une partie des terrains modernes de la Belgique, présente aussi des difficultés. Lorsque l'on croyait, comme au temps de Deluc, que les terrains d'attérissements s'y trouvaient exclusivement à l'embouchure des fleuves, leur origine s'expliquait facilement ; mais il n'en est plus ainsi depuis que Belpaire a fait connaître (117) la bande d'argile moderne qui s'étend tout le long de la côte de Flandre, vers laquelle il ne s'écoule cependant point de cours d'eau important. Cet observateur, qui écrivait à une époque où la théorie des soulèvements était encore dans l'enfance, avait cependant imaginé, pour expliquer les faits qu'il avait vus, une hypothèse analogue à ces alternatives d'émersions et de submersions qui jouent un si grand rôle chez les géologues actuels ; il supposait que

des marais tourbeux, qui existaient le long de cette côte du temps de César et étaient séparés de la mer par une chaîne de dunes, avaient, depuis lors, été couverts par la mer, laquelle y a déposé une puissante couche d'argile dont l'emplacement a été de nouveau séparé de la mer par le rétablissement d'une nouvelle chaîne de dunes. Nous sommes loin de vouloir attaquer une hypothèse aussi ingénieuse ; mais, telle que Belpaire l'a présentée, elle semble susceptible d'une grande difficulté, c'est que l'on ne conçoit pas pourquoi la mer qui baigne la côte qui nous occupe, et qui avait élevé anciennement des dunes sableuses, comme elle en élève encore actuellement, parce que son fond est sableux, a formé momentanément un dépôt argileux, non pas sur un point détaché, mais sur toute la côte, depuis Calais jusqu'aux bouches de l'Escaut. On lèverait cette difficulté si l'on supposait qu'il y a eu au voisinage de ces côtes, pendant la période moderne, une éjaculation de matière argileuse analogue à celles que nous avons déjà supposée pendant les périodes précédentes (128 et 131), phénomène qui, s'il a effectivement eu lieu, a dû être accompagné de mouvements dans les eaux qui baignaient les côtes, et par conséquent concorder avec des inondations qui auraient pu refouler les matières produites sur le continent. L'existence des filons d'argile dans la tourbe (117), tout en appuyant l'hypothèse des éjaculations, semble annoncer que le phénomène aurait eu lieu sur l'emplacement même des tourbières.

Mouvements du sol. — 142. Belpaire rapporte aussi des faits (*) qui sem-

(*) Mémoire cité ci-dessus, chap. VIII.

blent annoncer qu'il se passe, sur la côte de Flandre, quelque chose de semblable à ce que l'on croit avoir lieu sur celles de Scandinavie, c'est-à-dire qu'une partie de cette côte s'élèverait lentement, tandis que l'autre s'abaisserait. Nieuport serait l'axe de ce mouvement de bascule, car, dit Belpaire, la mer perd continuellement du Pas-de-Calais à Nieuport, tandis qu'elle tend constamment à gagner de cette ville à l'embouchure de l'Escaut.

143. La Belgique présente encore quelques-uns de ces phénomènes que nous considérons comme les restes de ces grandes éjaculations de matières provenant de l'intérieur de la terre, que nous supposons avoir eu lieu dans les temps anciens ; c'est-à-dire des sources minérales et thermales. Elles sortent en général des terrains primordiaux : les plus célèbres sont les eaux acidules et ferrugineuses de Spa, qui sortent du terrain ardoisier, et les eaux thermales de Chaudfontaine près de Liége, qui sortent du terrain anthraxifère et dont la température est de 32 degrés centésimaux.

Eaux minérales
et thermales.

FIN.

TABLE DES MATIÈRES.

FIN DE LA TABLE DES MATIÈRES.

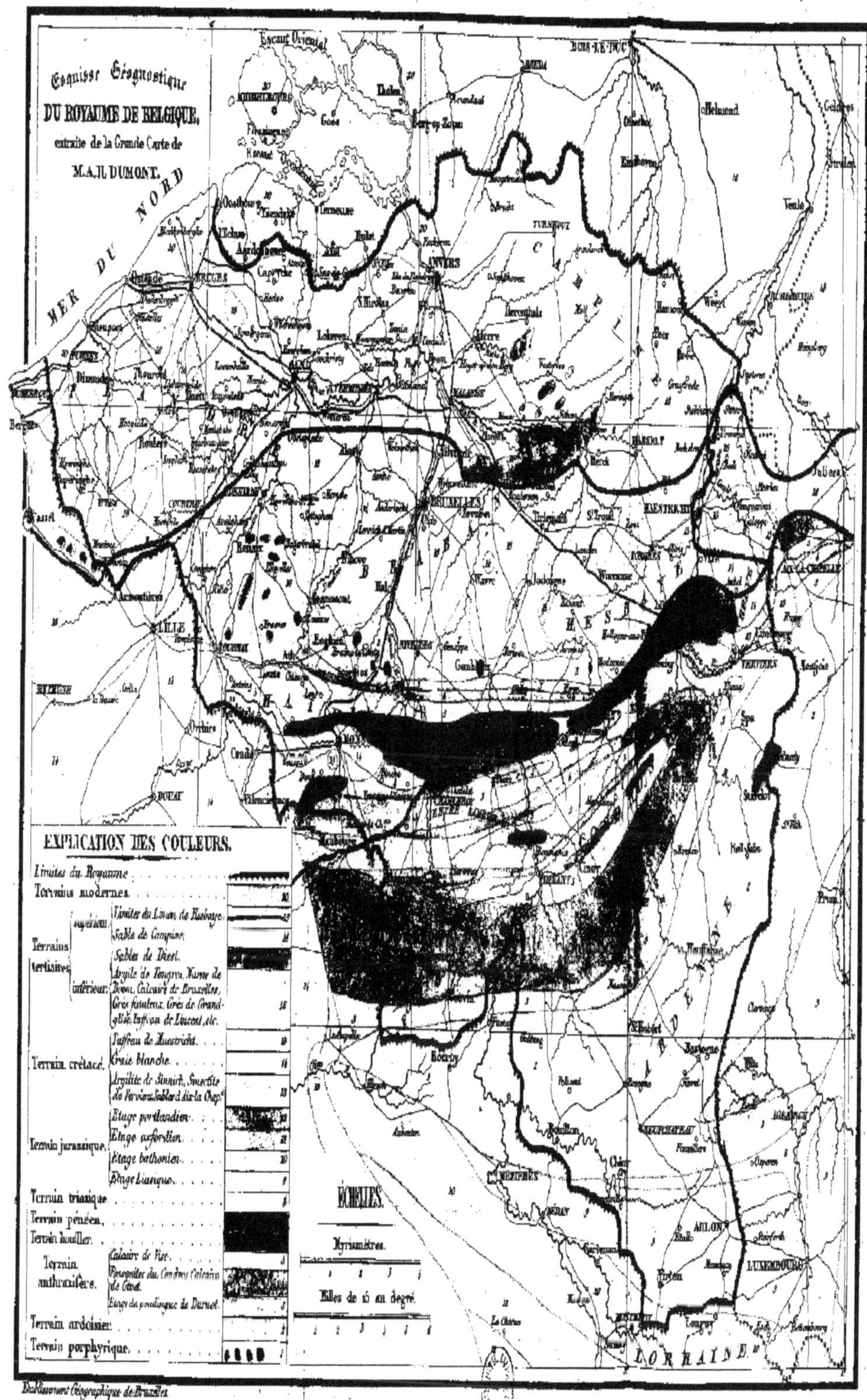

Esquisse Géognostique
DU ROYAUME DE BELGIQUE,
extraite de la Grande Carte de
M. A. H. DUMONT.

MER DU NORD

EXPLICATION DES COULEURS.

Limites du Royaume
Terrains modernes
Terrains tertiaires supérieur: Limites du Limon de Hesbaye; Sable de Campine; Sables de Diest.
inférieur: Argile de Tongres, Marne de Boom, Calcaire de Bruxelles, Grès fistuleux, Grès de Grand-glise, Poudingue de Linceut, etc.
Terrain crétacé, Tuffeau de Maestricht; Craie blanche; Argilite de Sinnich, Smectite de Verviers, Sable d'Aix-la-Chap.le
Terrain jurassique, Étage portlandien; Étage oxfordien; Étage bathonien; Étage Liasique.
Terrain triasique
Terrain pénéen
Terrain houiller
Terrain anthraxifère, Calcaire de Visé; Poudingue du Condros Calcaire de Givet; Étage du poudingue de Burnot.
Terrain ardoisier
Terrain porphyrique

ÉCHELLES.
Myriamètres.
Lieues de 25 au degré.

Établissement Géographique de Bruxelles.